bunter nutzgarten

ERNTE MEHR ALS DU DENKST

EMF

EIN BUCH DER
EDITION MICHAEL FISCHER

INHALT

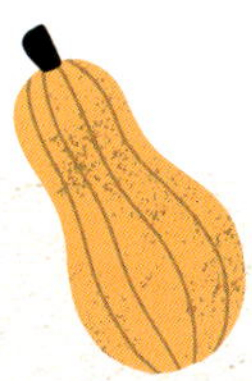

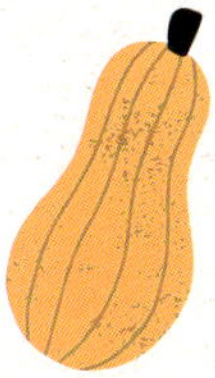

VORWORT

Wenn mich eine Frage von meinem ersten Gartenjahr an begleitet hat, dann diese: **„Wie kann ich mehr anbauen und ernten?“** In meinen bisher 14 Gartenjahren habe ich basierend auf dieser Frage sehr viele Versuche gestartet. Von nahezu allen gängigen Kulturen habe ich mit vielen verschiedenen Sorten versucht, die Erntezeiten sowohl in den früheren als auch in den späteren Bereich zu verlängern. Außerdem hat mich immer die Frage beschäftigt, wie ich jedes einzelne Beet, und damit den gesamten Garten, noch besser nutzen kann und auf der gleichen Fläche noch mehr anbauen kann. Die Ergebnisse meiner jahrelangen Versuchsreihen haben in vielen Bereichen dem Schulgartenwissen widersprochen und ermöglichen es mir nun seit einigen Jahren, Ernten einzufahren, die ich noch vor ein paar Jahren für unmöglich gehalten hätte.

In diesem Buch zeige ich dir Stück für Stück, wie auch du mit der entsprechenden Planung und den richtigen Sorten viel mehr aus deinem Garten herausholen kannst. Egal, ob du erst jetzt mit dem Gärtnern anfangen möchtest oder schon viele Jahre Erfahrung im Gemüseanbau hast, einen riesigen Selbstversorgergarten, eine kleine Parzelle oder nur ein kleines Hochbeet zur Verfügung hast: Dieses Buch wird dir helfen, mehr anbauen und ernten zu können.

Viel Spaß beim Lesen!

Niko

GRUNDLAGEN

UM MEHR ERNTEN ZU KÖNNEN, ALS DU DENKST, GIBT ES VIELE VERSCHIEDENE METHODEN, DIE DU HIER NACHLESEN KANNST.

EINFÜHRUNG

Wenn du bereits Gemüse im eigenen Garten anbaust, kennst du das Problem: Es gibt so viele tolle Gemüsearten und -sorten, aber viel zu wenig Platz, um alles anzubauen. Dabei brauchst du noch nicht einmal mehr Beetfläche, um mehr Vielfalt während einer Gartensaison anbauen und ernten zu können. In diesem Buch zeige ich dir, wie du auf jedem deiner Beete (und sei es auch nur eins) mit einer ausgeklügelten Beetplanung weit mehr als nur eine Kultur pro Saison anbauen kannst. Damit wird sowohl die Vielfalt als auch der Ertrag erhöht.

Am besten beginnst du mit der Beetplanung schon ein paar Wochen vor Beginn der neuen Gartensaison. Da die ersten Aussaaten oft schon im Januar und Februar anstehen, empfiehlt sich die Beetplanung bereits im Spätherbst. Bei kaltem, tristem Herbstwetter gibt es doch auch nicht Schöneres, als an die nächste Gartensaison mit üppig wachsenden Kürbissen, knackigen Salaten und leckeren Tomaten zu denken. Es ist jedoch nie zu spät, die Beete zu planen. Selbst während der laufenden Saison, mitten im Sommer, kannst du dir noch einen Beetplan erstellen und schauen, auf welche Beete du in diesem Jahr noch zusätzliche Gemüsearten pflanzen kannst.

Bei der Planung eines Beets stellen sich sehr viele Fragen:

- *Wie kann ich die Erntemenge erhöhen?*
- *Was kann ich wann pflanzen?*
- *Welche Gemüsepflanzen und welche Sorten wachsen in welchem Zeitraum am besten?*
- *Wie lange blockiert eine bestimmte Kultur das Beet?*
- *Welche Gemüsearten kann ich nebeneinander pflanzen, welche lieber nicht?*
- *Welche Arten eignen sich als Vorkultur oder Nachkultur einer anderen Art?*
- *Wie muss der Boden auf die jeweilige Kultur vorbereitet werden?*
- *Wann muss ich im Haus oder Gewächshaus vorziehen, damit eine Gemüsepflanze rechtzeitig groß genug ist, um aufs Beet gepflanzt zu werden?*

Dieses Buch nimmt dich an die Hand und hilft dir dabei, diese Fragen zu beantworten und eigene Beete nach deinen individuellen Wünschen zu planen.

DAS BAUKASTENPRINZIP

Mit dem von mir empfohlenen Baukastenprinzip kannst du eine Beetplanung vornehmen, die genau auf deine Wünsche im Gemüsegarten abgestimmt ist. Lege dir hierfür entweder auf dem Computer oder einfach auf einem Stück Papier eine Tabelle mit zwölf Spalten für die Monate des Jahres an. Unterteile die Monatsspalten in je drei Abschnitte für Anfang, Mitte und Ende des Monats (A/M/E). Jedes Beet in deinem Garten bekommt nun eine eigene Zeile.

1 *Hier einmal ein kleines Beispiel, wie du ein Beet planen kannst: Du möchtest in deinem Garten ein Beet mit* ***Tomaten*** *belegen. Trage also die Tomatensorte in die Tabelle von Mitte Mai bis Mitte Oktober ein.*

A = Anfang M = Mitte E = Ende

JANUAR			FEBRUAR			MÄRZ			APRIL			MAI			JUNI		
A	M	E	A	M	E	A	M	E	A	M	E	A	M	E	A	M	E
01.–10.	11.–21.	22.–31.	01.–09.	10.–19.	20.–28.	01.–10.	11.–21.	22.–31.	01.–10.	11.–20.	21.–30.	01.–10.	11.–21.	22.–31.	01.–10.	11.–20.	21.–30.
					Spinat 'Matador'												

Schau dir als erstes am besten sämtliche Gemüseporträts und Sortenempfehlungen ab Seite 80 an und wähle aus, was du am liebsten anbauen möchtest. Wohnst du in einer wärmeren Region, kannst du die jeweiligen Sorten im frühestmöglichen Zeitraum anbauen, in kühleren Regionen wählst du lieber einen etwas späteren Zeitraum. Auch die Ernte erfolgt jeweils früher oder später. Setze die Kultur in die Tabelle ein, beginnend mit dem für deine Region passenden Aussaat- oder Pflanzzeitpunkt und belege das Beet bis zum angegebenen Erntefenster mit dieser Kultur. Sind auf dem jeweiligen Beet noch Zeiten frei, kannst du überlegen, welches Gemüse zeitlich dort hineinpassen könnte. Achte dabei aber auch immer auf Mischkulturen und setze keine Pflanzen in ein gemeinsames Beet, die einen schlechten Einfluss aufeinander haben (siehe Seite 24).

Das Tolle am Baukastenprinzip ist, dass die Fläche des Anbaus in der Planung erst einmal keine Rolle spielt. Ein Kasten kann entweder ein ganzes, großes Beet sein oder auch nur ein kleines Eckchen in einem Hochbeet. Lediglich die Menge der Pflanzen, die du säen, vorziehen oder pflanzen kannst, hängt vom Platz ab, der dir zur Verfügung steht, und damit natürlich auch die Erntemenge, die du erzielen kannst. Kulturen, die über den Dezember hinaus bis ins neue Jahr auf dem Beet stehen, werden mit einem Pfeil gekennzeichnet.

2 *Nun siehst du, dass das Beet sowohl von Januar bis Anfang Mai als auch von Ende Oktober bis Ende Dezember noch frei ist. Wenn du weiter hinten im Buch die Gemüseporträts durchblätterst, findest du einige Kulturen, die für diese freien Zeiträume geeignet sind. Für den Zeitraum vor Mitte Mai eignet sich zum Beispiel Spinat, für den Zeitraum nach Mitte Oktober käme unter anderem* ***Feldsalat*** *infrage. Trage jetzt beide Kulturen in die Zeiträume ein, die in den Porträts angegeben sind.*

JULI			AUGUST			SEPTEMBER			OKTOBER			NOVEMBER			DEZEMBER		
A	M	E	A	M	E	A	M	E	A	M	E	A	M	E	A	M	E
01.–10.	11.–21.	22.–31.	01.–10.	11.–21.	22.–31.	01.–10.	11.–20.	21.–30.	01.–10.	11.–21.	22.–31.	01.–10.	11.–20.	21.–30.	01.–10.	11.–21.	22.–31.
Tomaten											Feldsalat 'Accent'						→

3 *Jetzt ist das Beet nahezu dauerhaft belegt, der Platz ist also ideal ausgenutzt, und du kannst auf derselben Fläche, auf der du im Spätsommer leckere Tomaten erntest, schon im Frühjahr Spinat und im Winter Feldsalat ernten.*

BODEN & DÜNGER

Noch bevor das erste Samenkorn gesät oder die erste Jungpflanze in das Beet gepflanzt werden kann, sollte der Boden ideal auf die Bedürfnisse der jeweiligen Kulturen angepasst und entsprechend verbessert werden. Hierbei gibt es die Möglichkeit der grundsätzlichen Bodenverbesserung oder der gezielten Düngung, die das Wachstum und den Ertrag der Pflanzen sowohl im aktuellen Pflanzjahr als auch langfristig verbessern.

DIE BODENVERBESSERUNG

Fast alle Gemüsearten bevorzugen einen humus- und nährstoffreichen, lockeren Gartenboden mit einem vielfältigen Bodenleben. Neben individuellen Düngergaben, die du direkt auf die Beete ausbringst, bevor die Kulturen einziehen, ist es ratsam, den Boden in allen Beeten zu verbessern. Insbesondere in neu angelegten Gärten oder auf ausgelaugten Böden empfiehlt sich das Ausbringen eines Bodenaktivators. Der Bodenaktivator hat keine direkte Düngewirkung für die Pflanzen, sondern fördert das Bodenleben, was wiederum für einen guten Humusaufbau sorgt und dazu führt, dass der Boden Wasser und Nährstoffe besser speichern kann. Die beste Zeit dafür ist das zeitige Frühjahr oder der späte Herbst. Der Boden sollte frostfrei sein.

Auch Stallmist verbessert den Boden auf eine ähnliche Art und bringt zusätzlich sehr viele Nährstoffe in den Boden ein. Hierfür eignet sich z. B. Pferde- oder Kaninchenmist. Wichtig ist dabei, dass der Mist mindestens sechs Monate, besser ein ganzes Jahr, abgelagert ist. Wenn du Pferdemist verwendest, empfehle ich darauf zu achten, dass die Pferde keinen Hafer zu fressen bekommen haben, sonst wächst im nächsten Jahr jede Menge Hafer in den Beeten. Für das Ausbringen von Stallmist eignet sich der Herbst am besten, denn viele Kulturen, besonders Wurzelgemüse oder Salate, mögen keine frische Düngung mit Stallmist, kurz bevor sie auf das Beet einziehen.

Für die Bodenverbesserung im Spätwinter und Vorfrühling eignet sich am besten Kompost, der gut abgelagert sein sollte. Wenn du selbst nicht genug davon herstellen kannst, kannst du bei einer Kompostieranlage in deiner Nähe oft für kleines Geld eine recht große Menge Kompost bekommen.

Wenn dem Boden Nährstoffe fehlen, gleichen verschiedene Dünger diesen Mangel aus.

KOMPOST	Hilfreich für alle Kulturen, egal ob Schwach-, Mittel- oder Starkzehrer. Verbessert die Bodenstruktur, regt das Bodenleben an, sorgt für guten Humusaufbau und bessere Nährstoff- und Wasserspeicherfähigkeit. Im Herbst oder Spätwinter ausbringen.
STALLMIST	Guter Dünger für alle Starkzehrer, besonders Kürbisgewächse, Mais und Kohlarten. Regt das Bodenleben an, sollte gut abgelagert sein und wird besser im Herbst verteilt als im Frühjahr.
PFERDE- UND RINDERDUNGPELLETS	Ähnlich wie Stallmist, aber leichter zu verwenden und zu dosieren. Für alle Mittel- und Starkzehrer. Pellets können, anders als Stallmist, auch direkt vor Pflanzung und Aussaat verteilt werden.
HORNSPÄNE	Stickstoffreicher Langzeitdünger für alle Starkzehrer. Nicht verwenden für Salate oder Spinat.
HORN- UND KNOCHENMEHL	Ähnlich wie Hornspäne, gibt die Nährstoffe aber etwas schneller ab. Ideal für schnell wachsende Starkzehrer wie Chinakohl oder Kohlrabi und bester Dünger für Zuckermais.
TOMATENDÜNGER	Speziell auf die Bedürfnisse von Tomaten abgestimmt und deutlich besser als Hornspäne. Auch sehr gut geeignet für anderes Fruchtgemüse wie Paprika, Physalis oder Auberginen.
URGESTEINSMEHL	Keine direkte Düngewirkung, aber sehr gute Bodenverbesserung durch Spurenelemente. Enthaltene Kieselsäure sorgt für gute Pflanzengesundheit und besseren Schutz vor Schädlingen. Für alle Kulturen hilfreich, aber besonders für Bohnen, Erbsen, Tomaten und Salate.
KALK	Sehr gute Bodenverbesserung. Hebt den pH-Wert des Bodens an und hilft gegen Übersäuerung des Bodens. Am besten im Spätwinter oder Herbst ausbringen und nicht gleichzeitig mit anderen Düngern. Besonders nützlich für Kohlarten, Porree und Feldsalat.
BODENAKTIVATOR	Tolle Bodenverbesserung. Regt das Bodenleben an, verbessert die Bodenstruktur, sorgt für Humusaufbau und eine optimalere Nährstoff- und Wasserspeicherfähigkeit.
BRENNNESSELJAUCHE	Perfekte Nachdüngung für Mittel- und Starkzehrer. Sehr stickstoffreich, sorgt für gute Pflanzengesundheit. Einfach Brennnesseln in ein Fass mit Wasser geben und ein bis zwei Wochen stehen lassen, dann mit Wasser im Verhältnis 1:10 bei Mittelzehrern und Tomaten und 1:6 für Starkzehrer verdünnen.
FLÜSSIGER GEMÜSEDÜNGER	Genau wie Brennnesseljauche gute Nachdüngung für Mittel- und Starkzehrer. Etwa alle ein bis zwei Wochen für Starkzehrer verwenden und alle zwei bis vier Wochen für Mittelzehrer.

KARTOFFEL	5,0–7,0
PAPRIKA & CHILI	5,0–7,5
GURKE	5,5–6,5
PASTINAKE & WURZELPETERSILIE	5,5–6,5
ASIASALATE, RUCOLA, RÜBSTIEL	5,5–7,0
RADIESCHEN, RETTICH, RÜBEN	5,5–7,0
SPINAT	5,5–7,0
AUBERGINE & PHYSALIS	5,5–7,5
KOPF- & PFLÜCKSALAT	5,5–7,5
KÜRBIS, ZUCCHINI, MELONE	5,5–7,5
L AUCHZWIEBEL	5,5–7,5
MANGOLD	5,5–7,5
ZUCKERMAIS	6,0–7,0
ERBSEN	6,0–7,5
KOHLARTEN	6,0–7,5
MÖHRE	6,0–7,5
ROTE BETE	6,0–7,5
SELLERIE	6,0–7,5
STANGEN- & BUSCHBOHNE	6,0–7,5
TOMATE	6,0–7,5
PUFFBOHNE	6,5–7,5
ZWIEBEL & KNOBLAUCH	6,5–7,5
FELDSALAT	7,0–8,0
PORREE	7,0–8,0

DER PH-WERT DES BODENS

Gerade in neu angelegten Gärten lohnt es sich, so früh wie möglich den pH-Wert des Bodens zu messen. Hierfür findest du neben digitalen Messgeräten auch preiswerte kleine Sets im Baumarkt und Gartencenter, mit denen du eine Bodenprobe in einem kleinen Glasröhrchen mit einem Indikator und destilliertem Wasser untersuchen kannst.

Die meisten Böden sind für den Anbau von Gemüse leicht bis stark zu sauer. Hier kann das Ausbringen von Kalk helfen und den pH-Wert erhöhen. Den Kalk solltest du nicht gleichzeitig mit anderen Düngern oder Bodenverbesserungen auf den Beeten verteilen, da sich die Wirkungen dadurch gegenseitig behindern können. Zwar haben alle Kulturen unterschiedliche Ansprüche an den pH-Wert, mit einem Wert von 6 bis 7 liegst du jedoch bei fast allen Kulturen im optimalen Bereich. Durch Düngung und den Anbau von Gemüse können Böden auch über die Jahre etwas versauern, es ist also ratsam, den pH-Wert alle ein bis zwei Jahre zu kontrollieren und gegebenenfalls mit Kalk nachzuhelfen.

DIE DIREKTE UND INDIVIDUELLE DÜNGUNG

Direkt vor der Aussaat oder der Bepflanzung der Beete lohnt es sich bei vielen Kulturen, zusätzlich zur Bodenverbesserung eine gezielte Düngung auszubringen. Hier haben alle Kulturen (Schwach-, Mittel- und Starkzehrer) andere Ansprüche, auf die individuell eingegangen werden kann. Bei einigen Pflanzen ist der Übergang von Schwachzehrer zu Mittelzehrer oder von Mittelzehrer zu Starkzehrer fließend. Salate gelten in manchen Tabellen als Schwachzehrer, in manchen als Mittelzehrer, während Knollensellerie mal als Mittelzehrer, mal als Starkzehrer gewertet wird.

IN DER PRAXIS

Wenn du Schwachzehrer wie Spinat als Vorkultur, Starkzehrer wie Zucchini als Hauptkultur und Mittelzehrer wie Salat als Nachkultur pflanzt, solltest du die Düngung erst bei der Beetvorbereitung für den Starkzehrer ausbringen. Für die Nachkultur ist dann keine erneute Düngung nötig. Wenn zwei Starkzehrer hintereinander auf demselben Beet wachsen sollen, zum Beispiel Blumenkohl als Nachkultur von Kartoffeln, solltest du vor beiden Kulturen düngen.

SCHWACHZEHRER

Schwachzehrer brauchen grundsätzlich keine Düngung. Die Nährstoffe, die sie benötigen, sind in guten Gartenböden ausreichend vorhanden. Teilweise reichern sie sogar Nährstoffe im Boden an, während sie auf dem Beet wachsen. Die Erbse zum Beispiel gibt Stickstoff an den Boden ab und ist dadurch eine ideale Vorkultur für stickstoffliebende Pflanzen wie Kartoffeln, Zuckermais oder Kürbisgewächse. Wenn Schwachzehrer gedüngt werden, kann das sogar negative Folgen haben. Viele Blattgemüse werden bei einer zu starken Düngung verstärkt von Blattläusen befallen. Spinat speichert überschüssigen Stickstoff in Form von giftigem Nitrat in den Blättern, und Radieschen neigen bei zu vielen Nährstoffen zu mehr Blatt- und weniger Wurzelbildung.

FELDSALAT

ASIASALAT

SPINAT

POSTELEIN

RAUKE

RÜBSTIEL

MÖHRE

RADIESCHEN

RÜBEN

BUSCHBOHNE

PUFFBOHNE

ERBSEN

MITTELZEHRER

Mittelzehrer können eine leichte Düngung vertragen und davon profitieren. Sie laugen den Boden kaum aus, reichern aber auch keine weiteren Nährstoffe in ihm an. Oftmals genügt eine leichte Düngergabe direkt ins Pflanzloch. Bei Salaten beispielsweise ist ein Teelöffel Gemüsedünger pro Pflanze meistens schon genug. Eine gesamte Düngung des Beets ist ebensowenig vonnöten wie eine Nachdüngung.

- **SALATE**
- **MANGOLD**
- **RETTICH**
- **ROTE BETE**
- **PASTINAKE**
- **WURZELPETERSILIE**
- **STANGENBOHNE**
- **PUFFBOHNE**
- **ZWIEBELGEWÄCHSE**

STARKZEHRER

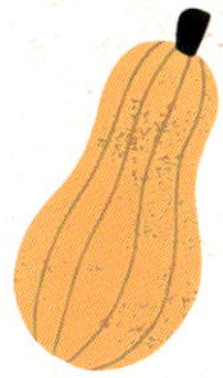

Starkzehrer können mit biologischen Düngern kaum überdüngt werden. Besonders Hornspäne und Hornmehl, aber auch Schafwolle oder Pferde- und Rinderdungpellets eignen sich hervorragend zum Verteilen auf den Beeten. Ins Pflanzloch kannst du dann noch einen individuellen Dünger geben, wie zum Beispiel einen speziellen Tomatendünger für Tomatenpflanzen. Auch eine Nachdüngung fördert das Wachstum. Sie kann entweder flüssig erfolgen mit selbst hergestellter Brennnesseljauche oder gekauften flüssigen Gemüsedüngern, oder du arbeitest noch einmal Hornspäne oder andere Dünger in den Boden ein.

KOHLARTEN

TOMATE

PAPRIKA

AUBERGINE

PHYSALIS

KÜRBISGEWÄCHSE

KARTOFFEL

KNOLLENSELLERIE

ZUCKERMAIS

DIREKTSAAT, ANZUCHT & PFLANZUNG

Grob gesagt, gibt es zwei verschiedene Möglichkeiten, eine Pflanze ins Gemüsebeet zu bringen. Entweder werden die Samen direkt ins Beet gesät, oder es werden Jungpflanzen im Haus oder Gewächshaus herangezogen und erst später gepflanzt. Bei der Beetplanung ist es für dich daher wichtig zu wissen, welche Pflanzen vorgezogen werden können und welche Pflanzen direkt gesät werden müssen. Wenn du möchtest, dass deine Beete während der gesamten Saison mit möglichst vielen aufeinanderfolgenden Kulturen belegt sind, solltest du grundsätzlich so viele Pflanzen wie möglich vorziehen, da so die Zeit, in der eine Kultur das Beet belegt, verkürzt werden kann.

DIE DIREKTSAAT

Bei der Direktsaat bereitest du das Beet vor, indem du die Erde auflockerst, von Unkraut befreist und gegebenenfalls düngst. Für die Saatreihen ziehst du je nach Kultur zwischen 0,5 und 5 cm tiefe Rillen, besäst sie und schließt sie wieder. Ein kräftiges Angießen ist wichtig, und bis zur Keimung sollte der Boden nie richtig austrocknen. Teilweise, wie beispielsweise bei den sehr dicht gesäten Möhren, ist es ein paar Wochen nach der Keimung vonnöten, dass du die Reihen ausdünnst. Dazu entfernst du alle Keimlinge, die zu dicht stehen, damit zwischen den Pflanzen genug Abstand vorhanden ist. So hat jede Gemüsepflanze genug Platz, sich zu entwickeln. Den besten Zeitpunkt für die Aussaat kannst du den Pflanzenporträts ab Seite 80 entnehmen.

SAATBÄNDER	Sehr gut geeignet für Anfänger. Samen sind meist im richtigen Abstand zueinander in einem biologisch abbaubaren Band eingearbeitet. Einfach das Band in die Erde legen, mit Erde bedecken, angießen und fertig.
PILLIERTES SAATGUT	Ideal für Kulturen mit kleinen Samen wie Möhren oder Petersilie. Saatgut ist in biologisch abbaubaren Hüllen. Vereinfacht die Aussaat und erzielt bessere Keimergebnisse.
REIHENSAAT	Samen werden in vorher gezogene Reihen gesät. Reihenabstände je nach Kultur unterschiedlich, meist 30 oder 50 cm. Erleichtert Unkrautbekämpfung, da zwischen den Reihen gut geharkt werden kann.
BREITWÜRFIGE AUSSAAT	Samen werden „wild" aufs Beet gestreut und leicht eingeharkt. Sehr gut für Babyleafsalate, Spinat oder Feldsalat. Anfällig für Unkrautwuchs.

Saatbänder und pilliertes Saatgut können die Aussaat vereinfachen.

DIE ANZUCHT

Die Anzucht erfolgt je nach Aussaatzeitpunkt und Ansprüchen der Pflanzen entweder im Haus oder im Gewächshaus. Für die Anzucht solltest du spezielle Anzucht- oder Aussaaterde nehmen, die auch manchmal als Kräutererde gekennzeichnet ist. Sie hat sehr wenige Nährstoffe, was ideal ist für kleine Keimlinge. Anzuchtbehälter gibt es in vielen Varianten. Ich bevorzuge Anzuchtplatten, auch Quickpottplatten genannt, denn sie haben viele Vorteile. Sie bestehen aus zwei Teilen. Im oberen Teil werden die Löcher mit Erde befüllt, dort wachsen später die Jungpflanzen. Die Löcher sind nach unten offen und stehen auf dem zweiten Teil, der Wasserwanne. So kann sich die Erde von unten vollsaugen. Das erleichtert die Wässerung, und es wird verhindert, dass beim Gießen kleine Keimlinge weggeschwemmt werden. Es gibt sie, bei gleicher Plattengröße, mit mehreren verschiedenen Lochgrößen. Gängig sind 54 oder 24 Löcher pro Platte. Die 24er-Platten haben mit etwa 7 cm die ideale Lochgröße für Kürbisgewächse, Sellerie, Mangold, Bohnen oder Zwiebelgewächse. Die 54er-Platten mit 4 bis 5 cm pro Loch sind perfekt für Salate, Kohlarten oder Erbsen geeignet.

Keimling in 24er-Anzuchtplatte

Salat in 54er-Anzuchtplatte

Grundsätzlich sollte pro Loch nur ein Pflänzchen wachsen. Entweder du säst nur einen Samen pro Loch aus, was aber bei schlechter Keimung zu vielen leeren Löchern führen kann, oder du säst mehrere Samen pro Loch und entfernst kurz nach der Keimung die schwächsten Keimlinge, bis nur noch ein Keimling pro Loch übrig bleibt. Die meisten Kulturen kannst du dann bis zur Pflanzung aufs Beet in der Anzuchtplatte lassen.

Wenn du Tomaten, Paprika, Physalis oder Auberginen in Anzuchtplatten säst, solltest du sie ab dem zweiten Blattpaar in größere Töpfe verpflanzen, was man auch pikieren nennt. Die Töpfe, in die du pikierst, dürfen dann auch mit gedüngter Gemüseerde befüllt sein. Wenn du im Gewächshaus pikierst, solltest du es besser an einem bewölkten Tag machen oder abends. Werden die jungen Pflänzchen bei sehr hohen Temperaturen pikiert, könnten sie dabei eingehen.

Für die Anzucht im Haus eignet sich am besten die Fensterbank eines Südfensters. Wenn du dort nicht genügend Platz hast, kannst du auf künstliche Beleuchtung zurückgreifen. Das Licht sollte dabei von seiner Zusammensetzung her dem Sonnenlicht möglichst ähnlich sein. Neben speziell betitelten Pflanzenlampen eignen sich auch Tageslichtlampen hervorragend für die Anzucht. Sie sollten für ein ideales Wachstum täglich 10 bis 14 Stunden eingeschaltet sein.

Bei sehr früher Anzucht sorgen Pflanzenlampen für ideale Lichtverhältnisse.

Kältetolerantere Arten wie Erbsen, Salate, Kohlarten, Zwiebelgewächse oder Puffbohnen können je nach Witterung schon ab Februar/März ins Gewächshaus. Die frostempfindlichen Pflanzen sollten lieber erst ab April ins Gewächshaus und in kalten Nächten entweder abgedeckt oder über Nacht ins Warme gebracht werden. Vor der Pflanzung im Freiland empfiehlt es sich, die Pflanzen abzuhärten, also Stück für Stück an die neuen Bedingungen im Beet zu gewöhnen, indem du sie tagsüber stundenweise rausstellst.

Die Anzucht für späte Kulturen, wie zum Beispiel Endivien, Grünkohl und andere Herbst- und Wintergemüse, wird im Hochsommer ausgesät. Für die Anzucht empfiehlt sich hier ein kühles, schattiges Plätzchen im Garten oder ein kühler Raum im Haus. Auch hier sollte vor der Pflanzung wieder abgehärtet werden, sonst gehen die kleinen Jungpflanzen nach der Pflanzung an ihren endgültigen Standort in der prallen Sonne sehr schnell ein.

DIE PFLANZUNG

Genau wie bei der Direktsaat lockerst du das Beet vor der Pflanzung auf, befreist es von Unkraut und düngst es. Die Pflanzabstände variieren von Kultur zu Kultur zwischen 10 cm und 1 m. Während beispielsweise Salatpflanzen nicht tiefer gesetzt werden sollten, als sie vorher im Topf saßen, da sie sonst bei Nässe schnell zu faulen beginnen, kannst du Tomaten ein ordentliches Stück tiefer in den Boden setzen, das fördert die Standfestigkeit und das Wurzelwachstum der Pflanzen. Hochwachsende Kulturen wie Tomaten, Physalis oder Auberginen stützt du am besten mit einem Stab und bindest sie ab der Pflanzung regelmäßig hoch. Rankende Pflanzen wie Erbsen oder Stangenbohnen benötigen ein Rankgerüst. Die Pflanzen sollten in einer kleinen Mulde oder einer Furche sitzen, so läuft das Gießwasser nicht weg, sondern bleibt direkt bei der Pflanze.

DIREKTSAAT ODER ANZUCHT?

Die Direktsaat hat gegenüber der Anzucht ein paar Vorteile, aber auch viele Nachteile. Eine Kultur, die direkt gesät wird, steht deutlich länger auf dem Beet, ist aber von Anfang an an die Bedingungen des Beets gewöhnt. Lichteinstrahlung, Bodenbeschaffenheit, Wind und Temperaturen bleiben ähnlich, und die Pflanze wird nicht dem Stress ausgesetzt, plötzlich aus dem geschützten Gewächshaus ins rauere Freiland gepflanzt zu werden. Allerdings sind bei der Direktsaat die Reihen häufig nicht so gleichmäßig. Einige Samenkörner keimen eventuell nicht, oder einige Jungpflanzen haben ein schlechteres Wachstum als vorgezogene Pflanzen.

Die Anzucht hingegen hat den Nachteil, dass sie viel Platz im Haus oder Gewächshaus benötigt. Wenn du diesen Platz nicht hast, kannst du vermehrt auf die Direktsaat zurückgreifen oder Jungpflanzen im Gartencenter kaufen.

Viele Kulturen, besonders die wärmeliebenden Nachtschattengewächse wie Tomaten oder Paprika, musst du vorziehen, da sie in unserem Klima bei Direktsaat vor dem Herbst nicht mehr in den Ertrag kommen.

Bei einer Kultur wie Erbsen, die sowohl direkt gesät als auch vorgezogen werden kann, werden die Vorteile der Anzucht für die Beetplanung sowie für den Erfolg des Anbaus deutlich. Erbsen vertragen leichte Fröste, können also schon vor den Eisheiligen nach draußen. Je nach Sorte liegt die Frosttoleranz bei −3 bis −8 °C. Etwa gegen Ende März/Anfang April können sie ins Freiland. Bei Direktsaat beginnt die Ernte etwa Ende Juni und erstreckt sich über knapp einen Monat bis Ende Juli. In dieser Zeit ist häufig mit den ersten Hitzewellen zu rechnen, was sich negativ auf den Ertrag und die Qualität der Erbsen auswirkt. Mit der Anzucht der Erbsen kannst du schon Ende Februar beginnen, dann können die Jungpflanzen Anfang April ins Freiland, und die Ernte erstreckt sich etwa von Ende Mai bis Ende Juni, oft noch vor den ersten Hitzewellen. So ist das Beet einen ganzen Monat weniger belegt, und die Auswahl an Kulturen, die Anfang Juli aufs Beet können, ist deutlich vielfältiger als Anfang August. Du könntest sogar noch eine schnell wachsende Zwischenkultur wie Radieschen oder Salat pflanzen, dann ist das Beet ebenfalls Anfang August wieder frei, nur dass durch die Anzucht der Erbsen eine zusätzliche Ernte auf gleicher Fläche möglich war.

Gerade bei Erbsen, aber auch bei Zuckermais, Salaten, Kohlarten oder Bohnen zum Beispiel ist der Wasserverbrauch bei der Anzucht auch um einiges niedriger. Eine direkt gesäte drei Meter lange Reihe Erbsen muss bei Trockenheit nahezu täglich mit etwa fünf Litern Wasser gegossen werden. Bei der Anzucht wird bis zur Keimung nur ein Bruchteil an Wasser benötigt. Viele Pflanzen, die klassischerweise eher direkt gesät werden, wie Erbsen, Mais, Rote Bete, Mangold oder Spinat, kannst du problemlos vorziehen. Bei anderen Kulturen wie Möhren, Pastinaken oder Radieschen hingegen ist eine Aussaat in Vorkultur schwierig, hier solltest du trotz der genannten Nachteile direkt säen.

ANZUCHT		DIREKTSAAT	
Vorteile	**Nachteile**	**Vorteile**	**Nachteile**
+ Beete kürzer belegt + gleichmäßige Reihen + frühere Ernte + spart Wasser	- braucht Platz - mehr Arbeit - möglicher Schock beim Verpflanzen	+ wenig Arbeit + Pflanzen gleich an Bedingungen auf dem Beet gewöhnt	- unregelmäßige Keimung - Beete länger belegt - späte Ernte - hoher Wasserverbrauch

BESSER ANZUCHT

- KOPF- UND PFLÜCKSALAT
- KOHLARTEN
- FRUCHTGEMÜSE
- KÜRBISGEWÄCHSE
- PUFFBOHNE
- ERBSEN
- ZWIEBELGEWÄCHSE
- SELLERIE
- ZUCKERMAIS

BEIDES FUNKTIONIERT GUT

- MANGOLD
- ROTE BETE
- STANGENBOHNE
- BUSCHBOHNE

BESSER DIREKTSAAT

- BABYLEAFSALAT
- FELDSALAT
- ASIASALAT
- SPINAT
- MÖHRE
- KARTOFFEL
- RADIESCHEN
- RETTICH
- RÜBEN
- PASTINAKE UND WURZELPETERSILIE

MISCHKULTUR

Beim Planen der Beete sollten Aspekte der Mischkultur immer berücksichtigt werden. Unterschiedliche Gemüsearten im gleichen Beet können sich gegenseitig helfen, indem sie beispielsweise Schädlinge fernhalten, aber sich auch gegenseitig behindern, indem sie sich Nährstoffe wegnehmen oder Schädlinge anlocken.

GUTE UND SCHLECHTE NACHBARN

Ein sehr gutes Beispiel für eine gute Nachbarschaft sind Möhren und Zwiebeln. Hier profitieren beide Partner vom jeweils anderen, denn die Zwiebelfliege mag den Geruch von Möhren nicht, und die Möhrenfliege wiederum den von Zwiebeln nicht. Eine einseitigere Partnerschaft ist die von Kohl und Tomaten. Der Kohlweißling, der seine Eier auf Kohlpflanzen ablegt, wird vom Geruch der Tomatenpflanzen ferngehalten, während diese keinerlei positiven Wirkungen vom Kohl erhalten, aber auch nicht negativ von ihm beeinträchtigt werden. Kartoffeln und Tomaten sollten besser nicht nebeneinander stehen. Beide Pflanzen können an der Krautfäule erkranken, und wenn eine Kultur befallen ist, springt der Pilz sehr schnell auf die benachbarte Kultur über.

Generell gilt bei Mischkulturen: Sie sind hilfreich, aber keine Wunderwaffe. Ein sehr starker Befall von Zwiebelfliegen kann auch von mehreren Reihen Möhren nicht verhindert werden, dann helfen nur Gemüseschutznetze.

Mit dem richtigen Nachbarn wachsen deine Pflanzen besser.

MISCHKULTUR IN DER BEETPLANUNG

Wenn du beim Planen der Beete besonders auf Mischkulturen achten möchtest, empfiehlt es sich, die Beete, auf denen mehrere, sich gegenseitig unterstützende Kulturen wachsen, in der Planung zu unterteilen. Gib jeder einzelnen Kultur ihren eigenen Baukasten, denn oftmals stehen die verschiedenen Kulturen unterschiedlich lang auf den Beeten, machen also zu verschiedenen Zeiten wieder Platz für die nächste Kultur.

Hier siehst du ein Beispiel für eine Beetplanung eines Möhren-Zwiebel-Beetes:

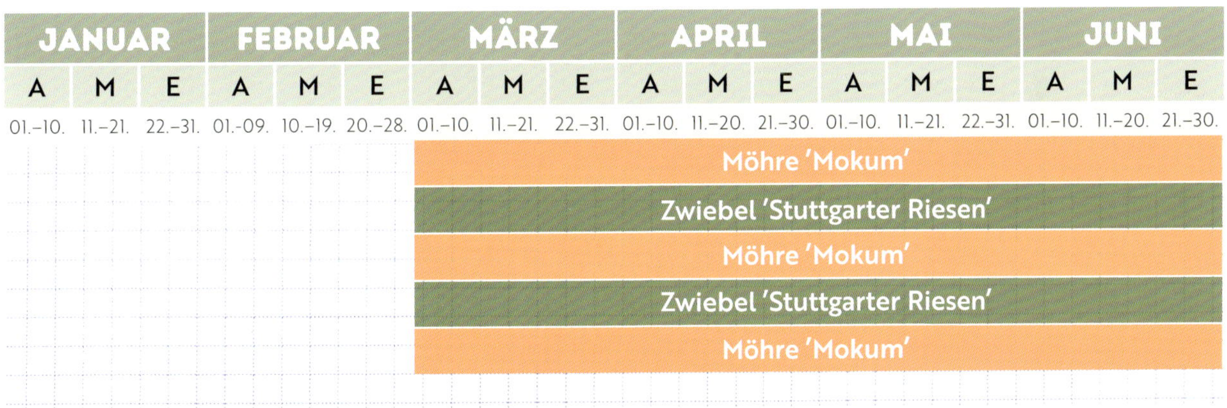

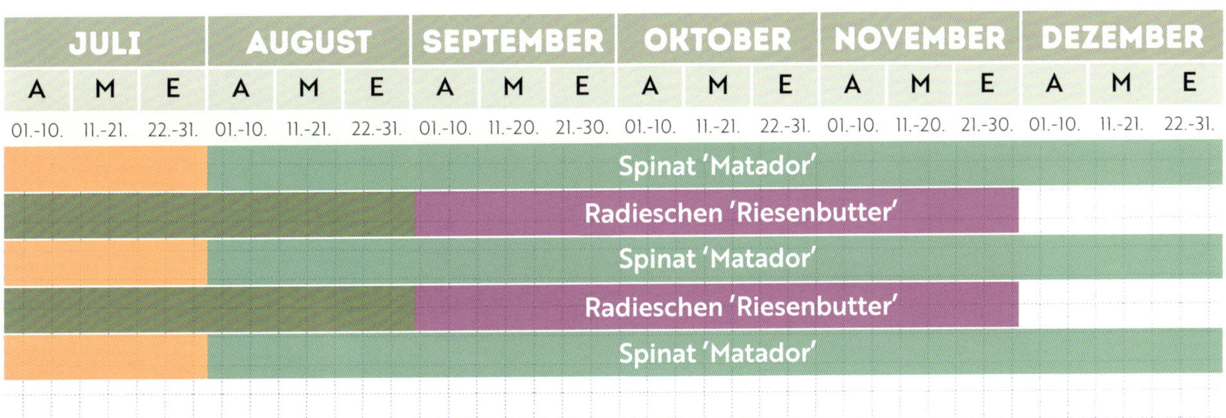

BEETPLANUNG MIT ANDEREN VORTEILEN

Einige Kulturen können auch sehr gut zusammen auf dem gleichen Beet wachsen, ohne sich im klassischen Sinne der Mischkultur zu unterstützen. Ein gutes Beispiel hierfür ist ein Beet mit Zuckermais und Landgurken. Wenn sich diese Kulturen ein Beet teilen, hat es zum einen den Vorteil, dass sie etwa **zur gleichen Zeit bereit** sind, das Beet für die nächste Kultur frei zu machen. Bei Pflanzung Mitte Mai ist das etwa Mitte August der Fall, ein guter Zeitpunkt, um auf das Beet danach zum Beispiel Endiviensalat, Kohlrabi oder Chinakohl zu pflanzen oder Radieschen, Spinat oder Winterrettich zu säen. Zum anderen haben sie **ähnliche Ansprüche an den Boden**, so kann das gesamte Beet gleich gedüngt werden. Außerdem beschatten die Landgurken den Boden und sorgen somit für eine geringere Wasserverdunstung im Sommer, was ein großer Vorteil für den Zuckermais ist, der einen sehr hohen Wasserbedarf hat.

Auch wenn du die Beete hauptsächlich nach Aspekten der idealen Beetnutzung planst, solltest du immer auch darauf achten, dass keine Kulturen nebeneinander wachsen, die einen negativen Einfluss aufeinander haben.

JANUAR			FEBRUAR			MÄRZ			APRIL			MAI			JUNI		
A	M	E	A	M	E	A	M	E	A	M	E	A	M	E	A	M	E
01.–10.	11.–21.	22.–31.	01.–09.	10.–19.	20.–28.	01.–10.	11.–21.	22.–31.	01.–10.	11.–20.	21.–30.	01.–10.	11.–21.	22.–31.	01.–10.	11.–20.	21.–30.
					Spinat 'Matador'							Gurke 'Tanja'					
					Spinat 'Matador'												
					Spinat 'Matador'							Zuckermais 'Tatonka'					
					Spinat 'Matador'												
					Spinat 'Matador'							Gurke 'Tanja'					

JULI			AUGUST			SEPTEMBER			OKTOBER			NOVEMBER			DEZEMBER		
A	M	E	A	M	E	A	M	E	A	M	E	A	M	E	A	M	E
01.–10.	11.–21.	22.–31.	01.–10.	11.–21.	22.–31.	01.–10.	11.–20.	21.–30.	01.–10.	11.–21.	22.–31.	01.–10.	11.–20.	21.–30.	01.–10.	11.–21.	22.–31.
					Chinakohl 'Kilakin'												
					Kohlrabi 'Noriko'												
					Endivie 'Breeblad Volhart Winter'												

Auch für die **ideale Nutzung der Beetfläche** übers Jahr gesehen können gewisse Kulturen als Beetnachbarn Vorteile bringen, die laut der klassischen Mischkulturtabelle keinen Einfluss aufeinander haben. Säst du beispielsweise auf einem Beet Ende Februar in die mittleren Reihen Spinat und pflanzt Anfang März auf die zwei äußereren Reihen Kopfsalat, kann der Spinat etwa Anfang Mai abgeerntet werden. Der Kopfsalat außen auf dem Beet braucht dann aber noch gut zwei bis drei Wochen. In die Mitte des Beetes können nach dem Spinat zum Beispiel Kürbispflanzen einziehen, die um diese Zeit noch recht klein sind und mit dem Platz, den der Spinat vorher belegt hat, zunächst klarkommen. Ende Mai und Anfang Juni kannst du den Kopfsalat abernten, bis dahin sind die Kürbispflanzen schon deutlich größer und können nun das ganze Beet in Anspruch nehmen, bis zur Kürbisernte im Herbst.

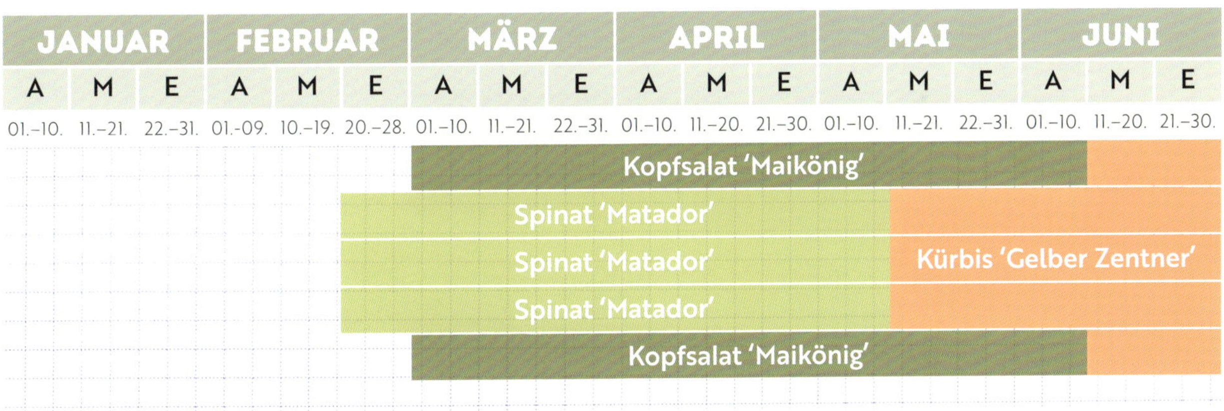

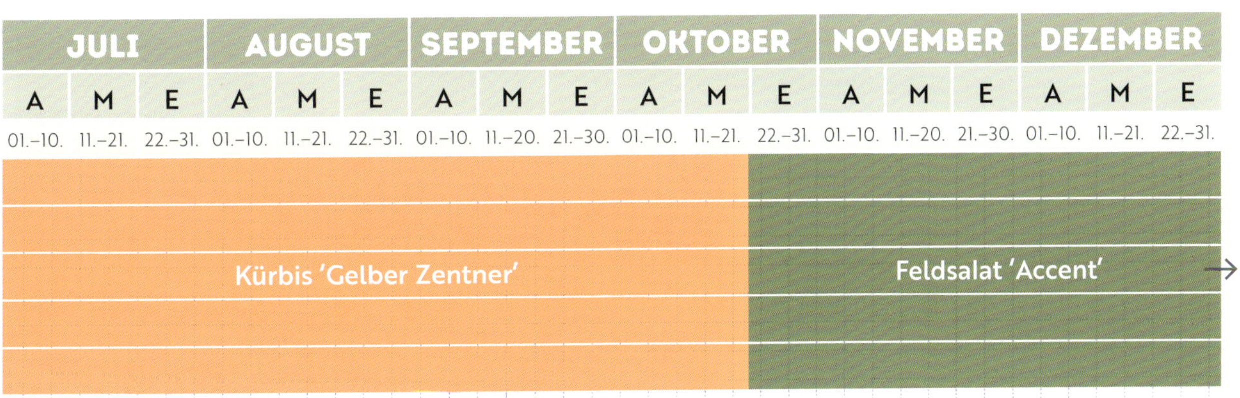

MISCHKULTUR

+ = GUTER NACHBAR

− = SCHLECHTER NACHBAR

(leer) = NEUTRAL

	ASIASALAT, RUCOLA & RÜBSTIEL	AUBERGINE	BUSCH- & STANGENBOHNE	ENDIVIE & ZUCKERHUT	ERBSEN	FELDSALAT	GURKE	KARTOFFEL	KNOBLAUCH	KOHLARTEN	KOPF- & PFLÜCKSALAT	KÜRBIS	MANGOLD
ASIASALAT, RUCOLA & RÜBSTIEL			+		+					−	+		+
AUBERGINE			+		−			−			+		
BUSCH- & STANGENBOHNE	+	+			−		+	+	−	+	+	+	
ENDIVIE & ZUCKERHUT						+				+			
ERBSEN	+	−	−				+	−	−	+	+		
FELDSALAT				+						−			
GURKE			+		+				+	+	+	−	
KARTOFFEL		−			−		−			+			
KNOBLAUCH			−		−		+			−		+	
KOHLARTEN	−		+	+	+	−		+	−		+		
KOPF- & PFLÜCKSALAT	+	+	+		+		+			+			
KÜRBIS			+				−		+				
MANGOLD	+									+			
MELONE	+				−					+			−
MÖHRE	+				+			−	+				+
PAPRIKA		−		+	−		−	−	+		+		
PASTINAKE			+	+	+		+				+		
PETERSILIENWURZEL	+		+	−			+			+			
PHYSALIS		−					+	−	+			+	+
PORREE			−	+	−	+				+	+		
PUFFBOHNE	+		−		−					+			
RADICCHIO			+			+				+			
RADIESCHEN	−	+	+		+		−			+	+		+
RETTICH	−	+	+		+		−			+	+	+	+
ROTE BETE	+	−	+				+						
RÜBEN	−		+	+	+	−				−	+		+
SELLERIE			+	−			+	−		+	−		
SPINAT	+	+						+		+			−
TOMATE		−	+		−		−	−	+	+	+		
ZUCCHINI			+		+		−						
ZUCKERMAIS			+				+	+			+	+	−
ZWIEBEL & LAUCHZWIEBEL			−		−	+	+			−	+		

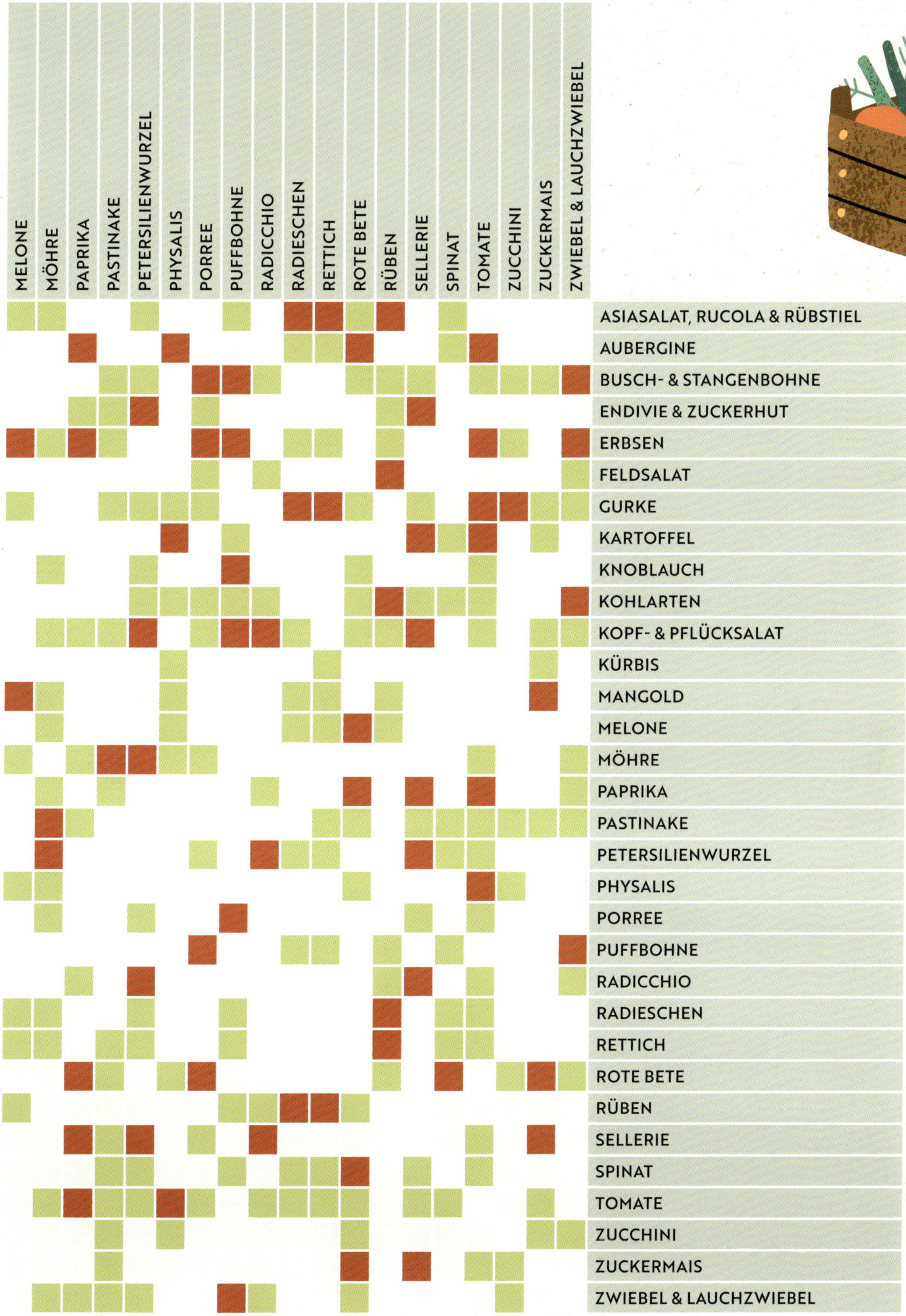
MELONE
MÖHRE
PAPRIKA
PASTINAKE
PETERSILIENWURZEL
PHYSALIS
PORREE
PUFFBOHNE
RADICCHIO
RADIESCHEN
RETTICH
ROTE BETE
RÜBEN
SELLERIE
SPINAT
TOMATE
ZUCCHINI
ZUCKERMAIS
ZWIEBEL & LAUCHZWIEBEL
ASIASALAT, RUCOLA & RÜBSTIEL
AUBERGINE
BUSCH- & STANGENBOHNE
ENDIVIE & ZUCKERHUT
ERBSEN
FELDSALAT
GURKE
KARTOFFEL
KNOBLAUCH
KOHLARTEN
KOPF- & PFLÜCKSALAT
KÜRBIS
MANGOLD
MELONE
MÖHRE
PAPRIKA
PASTINAKE
PETERSILIENWURZEL
PHYSALIS
PORREE
PUFFBOHNE
RADICCHIO
RADIESCHEN
RETTICH
ROTE BETE
RÜBEN
SELLERIE
SPINAT
TOMATE
ZUCCHINI
ZUCKERMAIS
ZWIEBEL & LAUCHZWIEBEL

FRUCHTFOLGE

Wachsen über mehrere Jahre Pflanzen aus der gleichen Familie auf demselben Beet, wird zum einen der Boden stärker ausgelaugt, weil über längere Zeit die gleichen Nährstoffe entzogen werden, zum anderen treten mit der Zeit für diese Pflanzenfamilie typische Krankheiten vermehrt auf.

Besonders bei Kreuzblütlern ist es wichtig, eine mehrjährige Anbaupause auf dem gleichen Beet einzuhalten, sonst kann die Kohlhernie um sich greifen. Mittlerweile gibt es jedoch einige gegen Kohlhernie resistente Züchtungen, bei denen dieses Problem entfällt. Generell gilt, je länger eine Pflanze auf dem Beet steht, desto problematischer ist ein Krankheitsbefall. Ein Beet, auf dem im letzten Jahr Rotkohl stand, sollte im nächsten Jahr nicht mit lange stehendem Rosenkohl bepflanzt werden. Eine Zwischenkultur wie Radieschen, die schon vier Wochen nach der Keimung abgeerntet ist, stellt dabei ein weit geringeres Risiko dar. Nicht nur zur Vermeidung von Krankheiten solltest du auf die Fruchtfolge achten, auch die Nährstoffversorgung des Bodens spielt eine Rolle. Einige Kulturen, wie beispielsweise die Erbse, reichern Stickstoff im Boden an. Daher eignet sich die Erbse sehr gut als Vorkultur für Pflanzen, die einen hohen Stickstoffbedarf haben, wie zum Beispiel Kürbisgewächse oder Zuckermais. Allerdings kannst du auch hier mit Düngergaben nachhelfen. Eine stickstoffspeichernde Vorkultur für starkzehrende Hauptkulturen ist hilfreich, aber nicht zwingend nötig.

GENERELL GILT:
Besonders bei Kreuzblütlern ist eine lange Anbaupause einzuhalten. Auch bei Kartoffeln und Erbsen solltest du mindestens drei Jahre pausieren und währenddessen auf andere Beete ausweichen. Alle anderen Kulturen sind unproblematischer, was die Fruchtfolge angeht, hier kannst du ohne Pause die gleiche Pflanzenfamilie auf dem gleichen Beet anbauen.

KORBBLÜTLER	Kopf- und Pflücksalat, Zichorie, Artischocke, Schwarzwurzel
KREUZBLÜTLER	Kohlarten, Asiasalat, Rucola, Rübstiel, Radieschen, Rettich, Rüben, Senf, Raps
NACHTSCHATTENGEWÄCHSE	Kartoffel, Tomate, Paprika, Aubergine, Physalis
KÜRBISGEWÄCHSE	Kürbis, Zucchini, Gurke, Melone
ZWIEBELGEWÄCHSE	Zwiebel, Porree, Knoblauch, Lauch- und Winterheckenzwiebel
DOLDENBLÜTLER	Möhre, Pastinake, Wurzelpetersilie, Sellerie, Fenchel
GÄNSEFUSSGEWÄCHSE	Spinat, Mangold, Rote Bete
HÜLSENFRÜCHTE	Stangenbohne, Buschbohne, Puffbohne, Erbsen
BALDRIANGEWÄCHSE	Feldsalat
SÜSSGRÄSER	Zuckermais

ERNTEZEIT VERLÄNGERN

Ein besonders wichtiger Aspekt in der Selbstversorgung, aber auch im Hobbygarten, ist es, die Erntezeit zu verlängern. Damit ist sowohl die generelle Ernte gemeint, die nicht nur im Spätsommer stattfinden soll, sondern möglichst das gesamte Jahr über, als auch die konkrete Erntezeitverlängerung jeder einzelnen Kultur. Das erzeugt über das ganze Jahr die größtmögliche Vielfalt und führt dazu, dass du zu jeder Zeit Beete hast, die in ihrer Hochzeit sind, Beete, die gerade abgeerntet werden, und Beete, die noch ziemlich leer sind, da sie gerade erst mit kleinen Jungpflanzen bepflanzt wurden.

GESTAFFELTE AUSSAAT

Wenn du ein bestimmtes Gemüse so lange wie möglich ernten willst, ist ein gestaffelter Anbau bei vielen Kulturen der richtige Weg. Das bedeutet, dass eine Kultur nicht nur einmal, sondern mehrmals ausgesät wird und sich damit auch das Erntefenster deutlich verlängert.

Wenn du zum Beispiel Mitte Mai Buschbohnen säst, kannst du etwa von Mitte Juli bis Mitte August frische Bohnen ernten. Wenn du nun nochmals im Juni und Juli Buschbohnen säst, verlängert sich die Erntezeit bis in den Oktober hinein. Säe also lieber mehrmals eine kleine Menge eines Gemüses aus als einmal eine große Menge, so kannst du deutlich länger ernten und hast nicht zu viel reifes Gemüse auf einmal, das du dann vielleicht nicht verwerten kannst.

Neben der Verlängerung der Erntezeit hat ein gestaffelter Anbau noch viele weitere Vorteile: Bei mehrmaliger Aussaat ist eine Kultur nicht so anfällig für einen Totalausfall durch Schädlinge, Krankheiten oder Extremwetter. Bekommt die erste Fuhre Gurken, die im Mai gepflanzt wurde, in einem feuchten und kühlen Frühsommer sehr früh Mehltau, ist das nicht so ärgerlich, wenn die zweite

Fuhre Gurken, die im Juli gepflanzt wurde, dann von August bis Oktober gute Erträge bringt.

Wenn dir eine etwas größere Anbaufläche zur Verfügung steht, weißt du nach ein paar Jahren gestaffeltem Anbau, in welcher Zeit der Anbau einer bestimmten Kultur in deinem Garten am einfachsten und ertragssichersten ist. So kannst du in diesem Zeitraum in den kommenden Jahren eine größere Menge einer Kultur anbauen und die Ernte haltbar machen. In den schwierigeren Zeiten, in denen die jeweilige Kultur mehr Pflege braucht, baust du nur kleine Mengen für den Direktverbrauch an. So mache ich es seit Jahren zum Beispiel mit Kohlarten. Früh im Jahr werden sie bei mir noch stark von Schädlingen befallen, müssen abgedeckt werden, wachsen langsam und brauchen viel Pflege. Deshalb baue ich in diesem Zeitraum nur kleine Mengen an. Im Juni und Juli pflanze ich dann große Mengen Kohl für die Herbst- und Winterernte. In dieser Zeit wächst in meinem Garten jeder Kohl komplett von selbst, ohne dass ich viel dafür tun muss. Im Herbst friere ich dann in größeren Mengen Brokkoli und Blumenkohl ein und mache Rot- und Weißkraut haltbar. Manchmal sind es die Zeiten, die nicht im klassischen Sinne für eine bestimmte Kultur bekannt sind, in denen die Pflanzen besonders problemlos wachsen, da kulturtypische Schädlinge nicht so stark auftreten. Wenn dir eine bestimmte Gemüseart wichtig ist und du diese eine Kultur so lange wie möglich ernten willst, kannst du mit dem Baukastenprinzip und den Sortenempfehlungen am Ende des Buches deine Gartenplanung um diese eine besonders wichtige Kultur „herumbauen".

Salat ist zum Beispiel eine Kultur, deren Ernte mit gestaffeltem Anbau und den richtigen Sorten zwölf Monate im Jahr möglich ist. Auf der nächsten Seite findest du ein Beispiel für eine Beetplanung, in der die ganzjährige Selbstversorgung mit Salat eine zentrale Rolle spielt und alle anderen Kulturen entsprechend drum herumgeplant werden.

Kohlrabi wächst bei mir am besten im Juni und Juli.

3

Möglichkeit 2: *Oder du belässt alle Baukästen dort, wo sie sind, und trägst andere Gemüsearten in die freien Zeiträume der jeweiligen Baukästen ein. Hier einmal ein kleines Beispiel, wie diese Planung dann aussehen könnte, die Möglichkeiten sind aber nahezu endlos.*

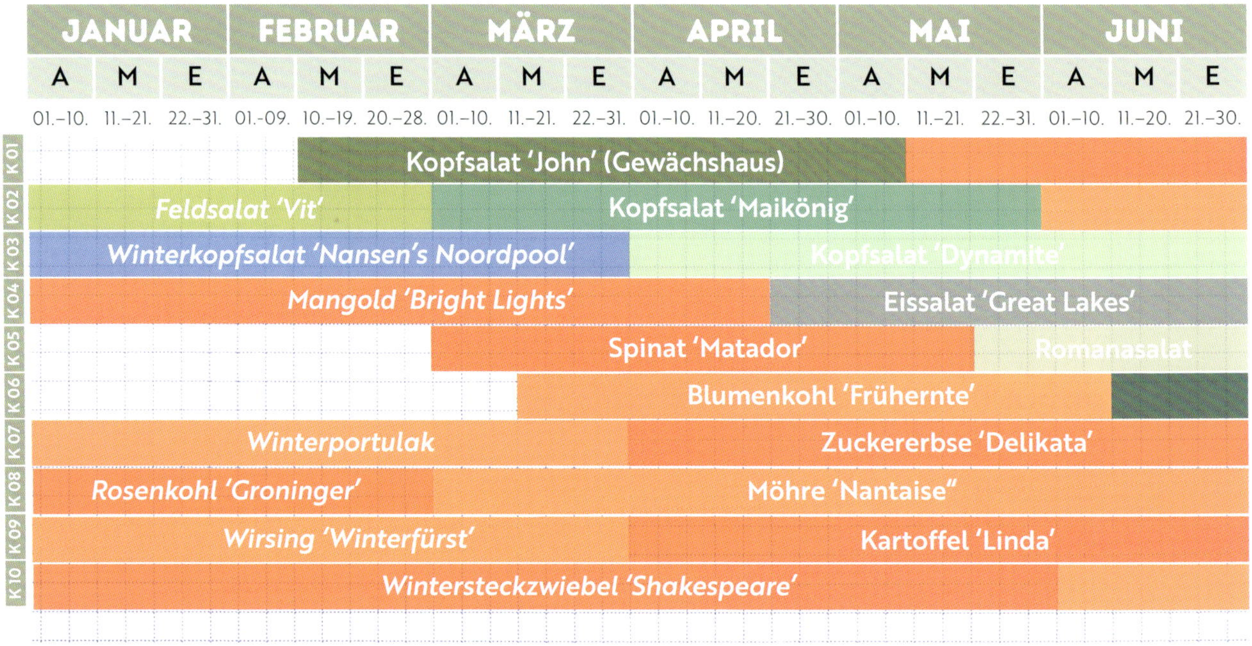

Versetzt gepflanzt, passen mehr Salatpflanzen auf ein Beet.

Fuhre Gurken, die im Juli gepflanzt wurde, dann von August bis Oktober gute Erträge bringt.

Wenn dir eine etwas größere Anbaufläche zur Verfügung steht, weißt du nach ein paar Jahren gestaffeltem Anbau, in welcher Zeit der Anbau einer bestimmten Kultur in deinem Garten am einfachsten und ertragssichersten ist. So kannst du in diesem Zeitraum in den kommenden Jahren eine größere Menge einer Kultur anbauen und die Ernte haltbar machen. In den schwierigeren Zeiten, in denen die jeweilige Kultur mehr Pflege braucht, baust du nur kleine Mengen für den Direktverbrauch an. So mache ich es seit Jahren zum Beispiel mit Kohlarten. Früh im Jahr werden sie bei mir noch stark von Schädlingen befallen, müssen abgedeckt werden, wachsen langsam und brauchen viel Pflege. Deshalb baue ich in diesem Zeitraum nur kleine Mengen an. Im Juni und Juli pflanze ich dann große Mengen Kohl für die Herbst- und Halbwinterernte. In dieser Zeit wächst in meinem Garten jeder Kohl komplett von selbst, ohne dass ich viel dafür tun muss. Im Herbst friere ich dann in größeren Mengen Brokkoli und Blumenkohl ein und mache Rot- und Weißkraut haltbar. Manchmal sind es die Zeiten, die nicht im klassischen Sinne für eine bestimmte Kultur bekannt sind, in denen die Pflanzen besonders problemlos wachsen, da kulturtypische Schädlinge nicht so stark auftreten. Wenn dir eine bestimmte Gemüseart wichtig ist und du diese eine Kultur so lange wie möglich ernten willst, kannst du mit dem Baukastenprinzip und den Sortenempfehlungen am Ende des Buches deine Gartenplanung um diese eine besonders wichtige Kultur „herumbauen".

Salat ist zum Beispiel eine Kultur, deren Ernte mit gestaffeltem Anbau und den richtigen Sorten zwölf Monate im Jahr möglich ist. Auf der nächsten Seite findest du ein Beispiel für eine Beetplanung, in der die ganzjährige Selbstversorgung mit Salat eine zentrale Rolle spielt und alle anderen Kulturen entsprechend drum herumgeplant werden.

Kohlrabi wächst bei mir am besten im Juni und Juli.

Zunächst suchst du dir in den Pflanzenporträts verschiedene Salatsorten heraus, die du gerne anbauen möchtest, und trägst die Zeiten, in denen sie das Beet belegen, in die Tabelle ein. Suche dir entsprechend viele Salatsorten heraus, sodass du sie über zwölf Monate ernten kannst.

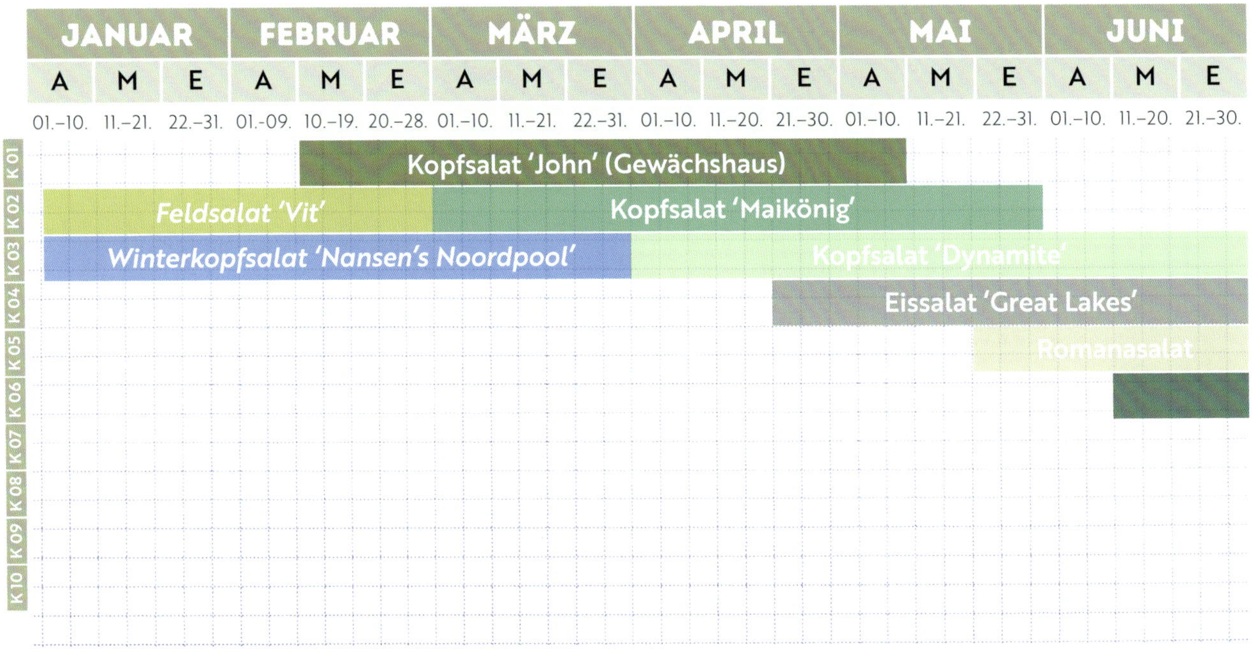

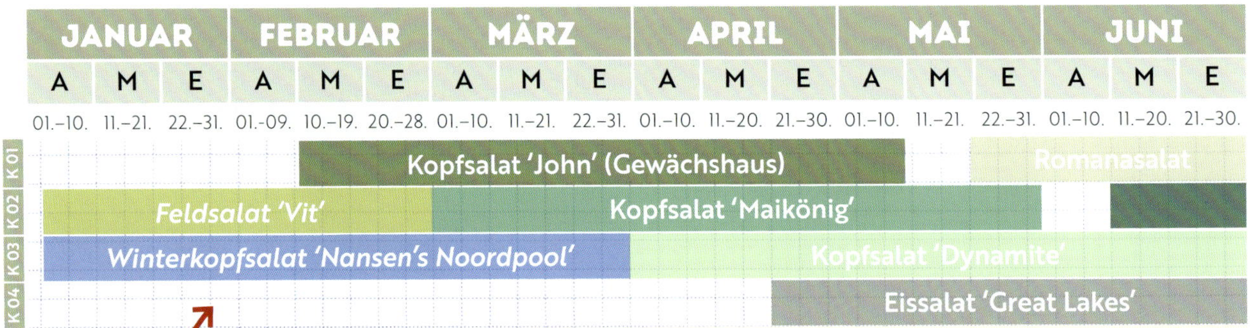

Nachdem du einige Salatsorten und deren Anbauzeiten in die Tabelle eingetragen hast, hast du zwei Möglichkeiten weiterzuplanen. ***Möglichkeit 1:*** *Da Salate ohne Probleme direkt hintereinander auf demselben Beet angebaut werden können, kannst du die Baukästen so verschieben, dass du Salate, die zeitlich aufeinander folgen, auf derselben Stelle anbaust. So hast du mehr komplett freie Baukästen für anderes Gemüse und bist in der weiteren Gartenplanung deutlich freier.*

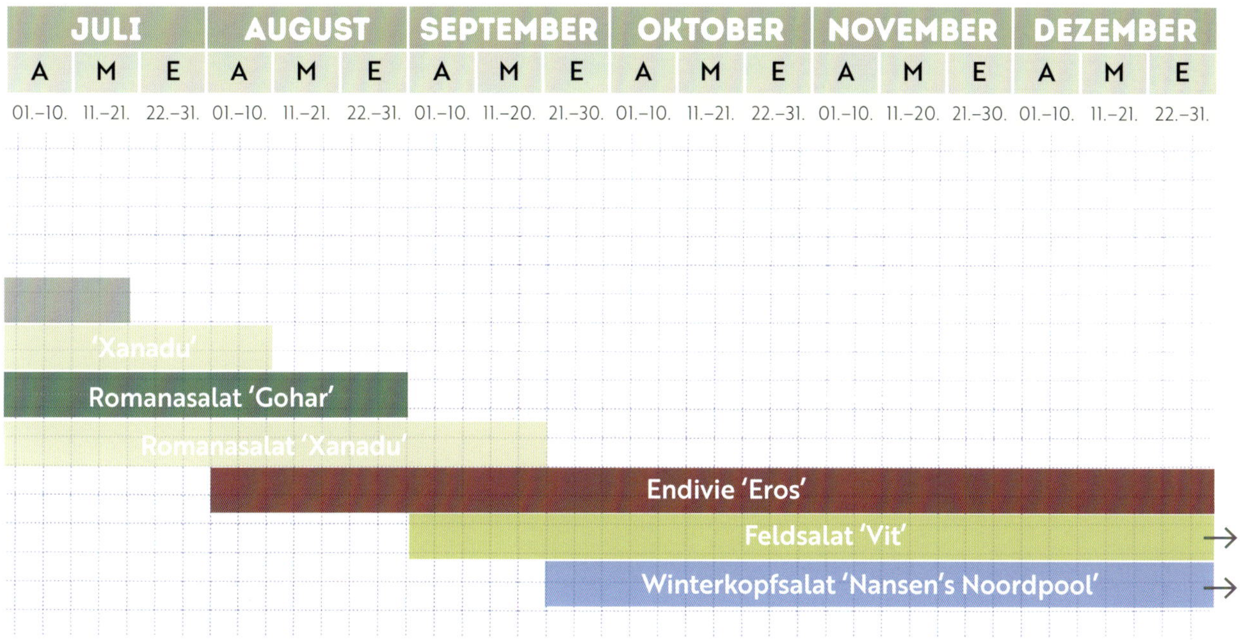
JULI
AUGUST
SEPTEMBER
OKTOBER
NOVEMBER
DEZEMBER
A M E A M E A M E A M E A M E A M E
01.–10. 11.–21. 22.–31. 01.–10. 11.–21. 22.–31. 01.–10. 11.–20. 21.–30. 01.–10. 11.–21. 22.–31. 01.–10. 11.–20. 21.–30. 01.–10. 11.–21. 22.–31.
'Xanadu'
Romanasalat 'Gohar'
Romanasalat 'Xanadu'
Endivie 'Eros'
Feldsalat 'Vit'
Winterkopfsalat 'Nansen's Noordpool'

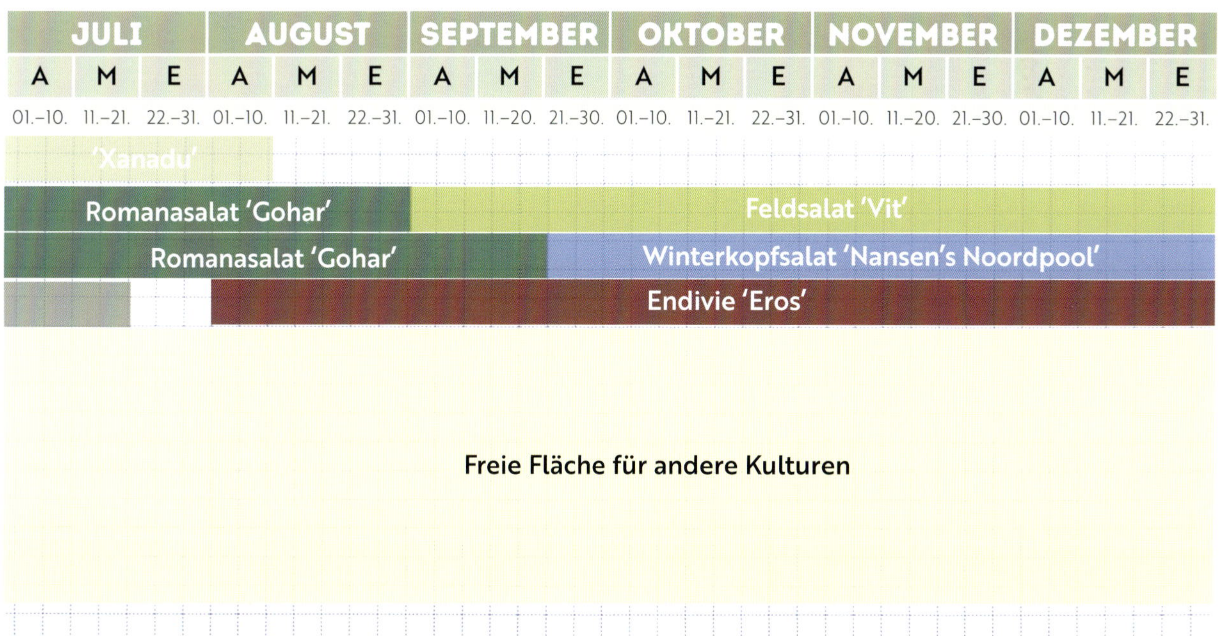
JULI
AUGUST
SEPTEMBER
OKTOBER
NOVEMBER
DEZEMBER
A M E A M E A M E A M E A M E A M E
01.–10. 11.–21. 22.–31. 01.–10. 11.–21. 22.–31. 01.–10. 11.–20. 21.–30. 01.–10. 11.–21. 22.–31. 01.–10. 11.–20. 21.–30. 01.–10. 11.–21. 22.–31.
'Xanadu'
Romanasalat 'Gohar'
Feldsalat 'Vit'
Romanasalat 'Gohar'
Winterkopfsalat 'Nansen's Noordpool'
Endivie 'Eros'
Freie Fläche für andere Kulturen

Möglichkeit 2: *Oder du belässt alle Baukästen dort, wo sie sind, und trägst andere Gemüsearten in die freien Zeiträume der jeweiligen Baukästen ein. Hier einmal ein kleines Beispiel, wie diese Planung dann aussehen könnte, die Möglichkeiten sind aber nahezu endlos.*

JANUAR			FEBRUAR			MÄRZ			APRIL			MAI			JUNI		
A	M	E	A	M	E	A	M	E	A	M	E	A	M	E	A	M	E
01.–10.	11.–21.	22.–31.	01.–09.	10.–19.	20.–28.	01.–10.	11.–21.	22.–31.	01.–10.	11.–20.	21.–30.	01.–10.	11.–21.	22.–31.	01.–10.	11.–20.	21.–30.

Kasten	Belegung
K 01	Kopfsalat 'John' (Gewächshaus)
K 02	*Feldsalat 'Vit'*, Kopfsalat 'Maikönig'
K 03	*Winterkopfsalat 'Nansen's Noordpool'*, Kopfsalat 'Dynamite'
K 04	*Mangold 'Bright Lights'*, Eissalat 'Great Lakes'
K 05	Spinat 'Matador', Romanasalat
K 06	Blumenkohl 'Früherernte'
K 07	*Winterportulak*, Zuckererbse 'Delikata'
K 08	*Rosenkohl 'Groninger'*, Möhre 'Nantaise"
K 09	*Wirsing 'Winterfürst'*, Kartoffel 'Linda'
K 10	*Wintersteckzwiebel 'Shakespeare'*

Versetzt gepflanzt, passen mehr Salatpflanzen auf ein Beet.

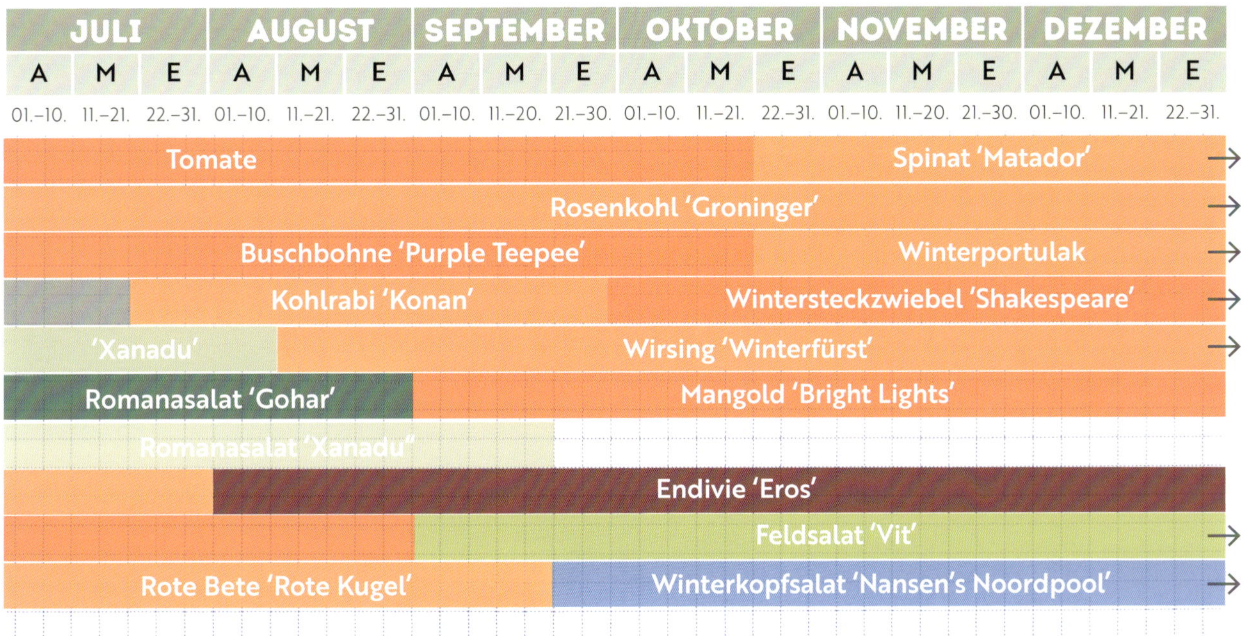

Im jungen Zustand geerntet, sind Möhren schnell vom Beet.

BEETE RÄUMEN

Häufig macht es Sinn, die Beete früher zu räumen, um schneller wieder Platz für die nächsten Kulturen zu schaffen.

VIEL(-FÄLTIG) ERNTEN

Um sowohl die Erntemenge als auch die Vielfalt zu maximieren, ist es von Vorteil, eine Kultur nicht zu lange auf dem Beet stehen zu lassen. Zucchinipflanzen beispielsweise, die im April vorgezogen und im Mai gepflanzt wurden, tragen im Zeitraum von Mitte Juni bis Mitte August sehr viele Früchte. Dann lässt der Ertrag meistens stark nach. Die Pflanzen können natürlich auf dem Beet bleiben und werden in den meisten Fällen auch über die nächsten Wochen noch ein paar kleinere Erträge bringen. Für die Ertragsmaximierung ist es jedoch besser, die Pflanzen Mitte August zu entfernen und die nächste Kultur, zum Beispiel Kohlrabi, an diese Stelle im Beet zu pflanzen. Damit du auch nach dem Entfernen der Zucchinipflanzen noch frische Zucchini aus dem Garten ernten kannst, ist auch hier eine zweite Pflanzung zu empfehlen. Am besten säst du dafür Anfang Juni und pflanzt Mitte Juli. Diese Pflanzen haben ihre beste Ertragsphase dann von Ende August bis Mitte Oktober, also genau dann, wenn du die Zucchinipflanzen aus der ersten Pflanzung entfernst. Mit dieser Methode erhöhst du sowohl die Vielfalt an Gemüse, das du gleichzeitig zur Verfügung hast, als auch den Gesamtertrag in deinem Garten.

GESTAFFELTE ERNTE BEI GLEICHZEITIGEM ANBAU

Was bei vielen Kulturen mit gestaffelter Aussaat und Pflanzung gelingt, funktioniert bei anderen Kulturen schon alleine mit der Sortenwahl. Während ein Salat sortenunabhängig meist etwa vier bis acht Wochen von der Pflanzung bis zur Ernte braucht, gibt es einige Kulturen wie Kartoffeln, die bei gleichzeitigem Anbau mit verschiedenen Sorten ebenfalls ein sehr langes Erntefenster erreichen können. Werden alle Kartoffeln am 1. April in die Erde gebracht, kann eine sehr frühe Sorte wie 'Duke of York' oder 'Altesse' schon vor dem 1. Juli geerntet werden, während eine sehr späte Sorte wie 'Sarpo Mira' bis Ende September auf dem Beet bleibt und dann auch sehr lange gelagert werden kann. Frühe Sorten sind dabei zwar weniger ertragreich, machen das Beet aber früher wieder frei, so kann nach Frühkartoffeln noch sehr viel in der gleichen Saison auf der gleichen Fläche angebaut werden.

Ähnlich verhält es sich bei Möhren, auch hier können sehr frühe Sorten wie 'Nantaise' bei Aussaat im März schon im Juni geerntet werden, späte Sorten wie 'Rote Riesen' stehen bei zeitgleicher Aussaat bis in den November auf dem Beet. Hier siehst du ein Beispiel, wie du mit verschiedenen Sorten und zeitgleichem Anbau möglichst lange ernten kannst und andere Gemüsearten drum herumplanen kannst. Die Kulturen im Plan, die noch vor der Saat von Möhren oder Kartoffeln geerntet werden, stehen in diesem Plan alle noch vom vorherigen Jahr drin. Sollte das dein erstes Gartenjahr sein, können die Beete vor der Saat auch leer sein.

	JANUAR			FEBRUAR			MÄRZ			APRIL			MAI			JUNI		
	A	M	E	A	M	E	A	M	E	A	M	E	A	M	E	A	M	E
	01.–10.	11.–21.	22.–31.	01.–09.	10.–19.	20.–28.	01.–10.	11.–21.	22.–31.	01.–10.	11.–20.	21.–30.	01.–10.	11.–21.	22.–31.	01.–10.	11.–20.	21.–30.
K 01	Winterkopfsalat 'Nansen's Noordpool'									Kartoffel 'Duke of York'								
K 02	Wirsing 'Winterfürst'									Kartoffel 'Altesse'								
K 03	Spinat 'Matador'									Kartoffel 'Granola'								
K 04	Winterportulak									Kartoffel 'Sarpo Mira'								
K 05	Feldsalat 'Accent'						Möhre 'Pariser Markt'											
K 06	Rosenkohl 'Groninger'						Möhre 'Mokum'											
K 07	Spinat 'Winterriesen'						Möhre 'Nantaise'											
K 08	Grünkohl 'Winnetou'						Möhre 'Lange Rote Stumpfe Ohne Herz'											
K 09	Rettich 'Mino Early'						Möhre 'Rote Riesen'											

	JULI			AUGUST			SEPTEMBER			OKTOBER			NOVEMBER			DEZEMBER		
	A	M	E	A	M	E	A	M	E	A	M	E	A	M	E	A	M	E
	01.–10.	11.–21.	22.–31.	01.–10.	11.–21.	22.–31.	01.–10.	11.–20.	21.–30.	01.–10.	11.–21.	22.–31.	01.–10.	11.–20.	21.–30.	01.–10.	11.–21.	22.–31.
K 01	Zuckermais 'Tatonka'										Spinat 'Winterriesen' →							
K 02	[unbeschriftet]	Zucchini 'Coucourzelle'										Winterportulak →						
K 03	Kartoffel 'Granola'					Rettich 'Mino Early' →												
K 04	Kartoffel 'Sarpo Mira'									Feldsalat 'Accent' →								
K 05	[unbeschriftet]	Rotkohl 'Tinty'																
K 06	[unbeschriftet]			Zuckerhut 'Virtus'												[leer]	[leer]	[leer]
K 07	Möhre 'Nantaise'						Radieschen 'Riesenbutter'									[leer]	[leer]	[leer]
K 08	Möhre 'Lange Rote Stumpfe Ohne Herz'									Winterkopfsalat 'Nansen's Noordpool' →								
K 09	Möhre 'Rote Riesen'															[leer]	[leer]	[leer]

BEETPLANUNG

Gut geplant ist halb geerntet!

VOR-, HAUPT- UND NACHKULTUR

In der klassischen Beetplanung wachsen auf einem Beet in einem Jahr drei Kulturen, die auch Vorkultur, Hauptkultur und Nachkultur genannt werden. Häufig ist es so, dass die Vorkultur eine kältetolerante, schnell wachsende Kultur wie Spinat ist, die wenige Nährstoffe benötigt. Die Hauptkultur ist dann meist eine frostempfindliche Pflanze, die die gesamte Hauptsaison auf dem Beet bleibt und einen hohen Nährstoffbedarf hat wie Tomaten, Paprika oder Kürbisgewächse. Als Nachkultur dienen dann Herbstsaaten wie Feldsalat, die wiederum wenige Nährstoffe benötigen. Doch dieses Muster ist sehr starr und schränkt die Beetplanung stark ein. In deinem Garten kannst du die Belegung der Beete durchaus individueller gestalten und auf manchen Beeten nur zwei Kulturen pro Jahr anbauen, auf anderen Beeten wiederum bis zu fünf Kulturen pro Jahr. Die Mischung macht's, und ein starres Festhalten am Drei-Kulturen-Prinzip ist nicht zu empfehlen. Im Folgenden findest du ein paar Beispielbeete, auf denen unterschiedlich viele Kulturen pro Jahr angebaut werden.

EIN BIS ZWEI KULTUREN PRO SAISON

	JANUAR			FEBRUAR			MÄRZ			APRIL			MAI			JUNI		
	A	M	E	A	M	E	A	M	E	A	M	E	A	M	E	A	M	E
	01.–10.	11.–21.	22.–31.	01.–09.	10.–19.	20.–28.	01.–10.	11.–21.	22.–31.	01.–10.	11.–20.	21.–30.	01.–10.	11.–21.	22.–31.	01.–10.	11.–20.	21.–30.
K01	*Rosenkohl 'Groninger'*						Möhre 'Rote Riesen'											

	JULI			AUGUST			SEPTEMBER			OKTOBER			NOVEMBER			DEZEMBER		
	A	M	E	A	M	E	A	M	E	A	M	E	A	M	E	A	M	E
	01.–10.	11.–21.	22.–31.	01.–10.	11.–21.	22.–31.	01.–10.	11.–20.	21.–30.	01.–10.	11.–21.	22.–31.	01.–10.	11.–20.	21.–30.	01.–10.	11.–21.	22.–31.
K01																		

Wenn nur wenige Kulturen pro Jahr auf einem Beet wachsen, handelt es sich meistens um sehr langsam wachsende Kulturen. Wenn du zum Beispiel Wintermöhren anbauen möchtest, solltest du das Beet in der Planung fast die gesamte Saison für sie blockieren. Gesät wird Anfang März, und geerntet werden kann dann etwa ab Ende September bis in den späten Herbst hinein. Das Beet ist also bis Ende November besetzt. Sollte das deine erste Gartensaison sein, wächst in diesem Jahr auf diesem Beet nur diese eine Kultur, wenn du schon länger gärtnerst, könnten auf diesem Beet zum Beispiel auch Rosenkohl, der im Juni gepflanzt wurde, oder andere Winterkulturen vom Vorjahr stehen, so wären zwei Ernten pro Jahr möglich.

ZWEI KULTUREN PRO SAISON

	JANUAR			FEBRUAR			MÄRZ			APRIL			MAI			JUNI		
	A	M	E	A	M	E	A	M	E	A	M	E	A	M	E	A	M	E
	01.–10.	11.–21.	22.–31.	01.–09.	10.–19.	20.–28.	01.–10.	11.–21.	22.–31.	01.–10.	11.–20.	21.–30.	01.–10.	11.–21.	22.–31.	01.–10.	11.–20.	21.–30.
K01						Radieschen 'Saxa'												

	JULI			AUGUST			SEPTEMBER			OKTOBER			NOVEMBER			DEZEMBER		
	A	M	E	A	M	E	A	M	E	A	M	E	A	M	E	A	M	E
	01.–10.	11.–21.	22.–31.	01.–10.	11.–21.	22.–31.	01.–10.	11.–20.	21.–30.	01.–10.	11.–21.	22.–31.	01.–10.	11.–20.	21.–30.	01.–10.	11.–21.	22.–31.
K01	Mangold 'Feurio'																	

Auf diesem Beet werden Ende Februar Radieschen, zum Beispiel der Sorte 'Saxa', gesät, die dann von Ende April bis Anfang Mai geerntet werden. Mitte Mai wird dann Mangold gepflanzt, der Ende März vorgezogen wurde. Der Mangold kann dann von Mitte Juni bis in den Dezember hinein beerntet werden.

DAS KLASSISCHE DREI-KULTUREN-BEET

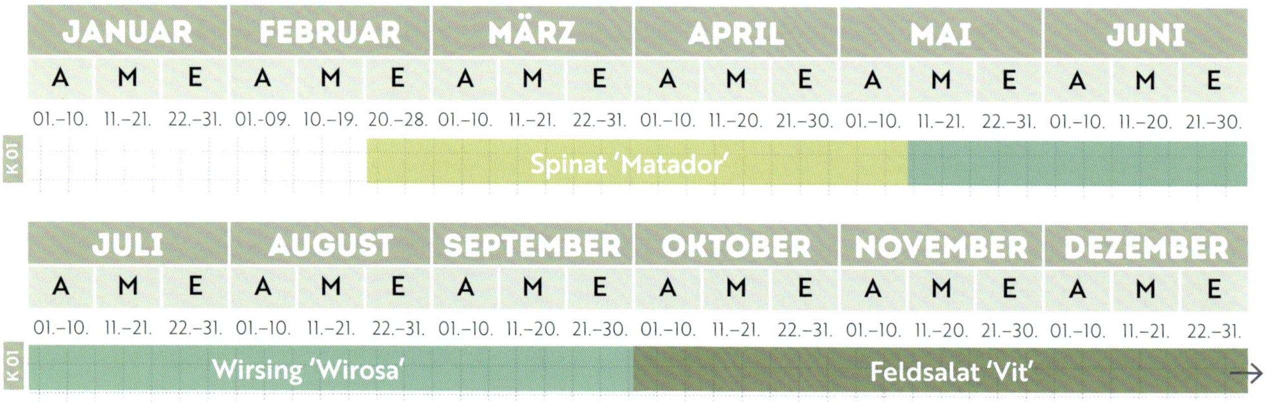

Als Vorkultur wird auf diesem Beet etwa Ende Februar Spinat gesät, der von Mitte April bis Anfang Mai beerntet wird. Mitte Mai kommt dann Wirsing aufs Beet, der Anfang April vorgezogen wurde und im September abgeerntet wird. Als Nachkultur eignet sich hier beispielsweise Feldsalat, der Ende September/Anfang Oktober gesät wird und ab Dezember bis ins nächste Jahr hinein geerntet werden kann.

VIER KULTUREN PRO BEET

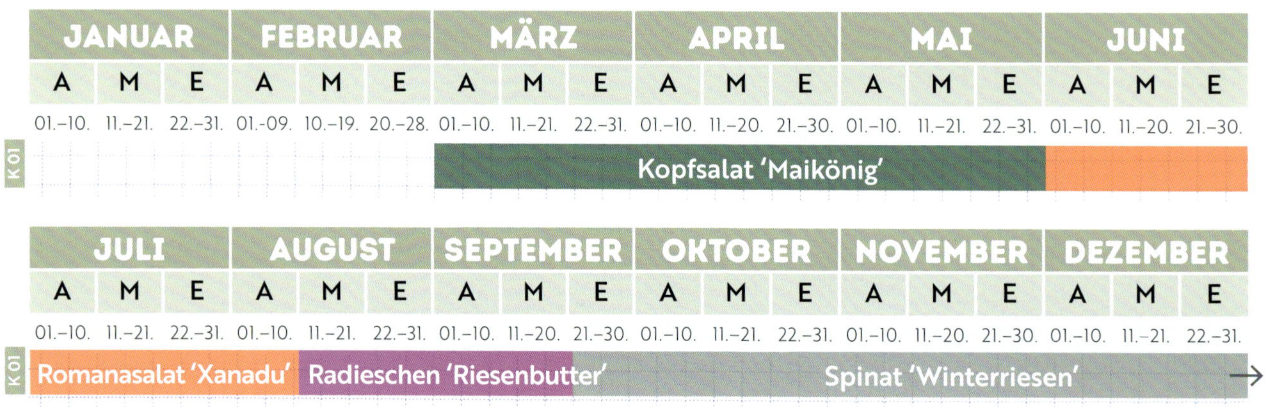

Anfang März wird hier der Kopfsalat 'Maikönig' gepflanzt, der Ende Januar vorgezogen wurde. Geerntet wird dann von Mitte bis Ende Mai. Anfang Juni kommt der nächste Salat, der Romanasalat 'Xanadu', aufs Beet, der Anfang Mai vorgezogen wurde. Er kann etwa Ende Juli bis Anfang August geerntet werden. Danach werden Radieschen gesät, die zu dieser Jahreszeit schon vier Wochen nach der Aussaat wieder abgeerntet sind und Mitte September Platz machen für den Winterspinat, der entweder direkt gesät oder vorgezogen werden kann. Bei Direktsaat beginnt die Ernte erst im frühen nächsten Jahr, bei Anzucht etwa einen Monat vor Pflanzung kann schon im November mit der Ernte begonnen werden.

FÜNF BIS SECHS KULTUREN PRO BEET – AUCH DAS IST MÖGLICH

	JANUAR			FEBRUAR			MÄRZ			APRIL			MAI			JUNI		
	A	M	E	A	M	E	A	M	E	A	M	E	A	M	E	A	M	E
	01.–10.	11.–21.	22.–31.	01.-09.	10.–19.	20.–28.	01.–10.	11.–21.	22.–31.	01.–10.	11.–20.	21.–30.	01.–10.	11.–21.	22.–31.	01.–10.	11.–20.	21.–30.
K 01	Feldsalat 'Vit'						Spinat 'Matador'							Romanasalat 'Xanadu'				

	JULI			AUGUST			SEPTEMBER			OKTOBER			NOVEMBER			DEZEMBER		
	A	M	E	A	M	E	A	M	E	A	M	E	A	M	E	A	M	E
	01.–10.	11.–21.	22.–31.	01.–10.	11.–21.	22.–31.	01.–10.	11.–20.	21.–30.	01.–10.	11.–21.	22.–31.	01.–10.	11.–20.	21.–30.	01.–10.	11.–21.	22.–31.
K 01	Kohlrabi 'Konan'						Radieschen 'Riesenbutter'					Winterportulak →						

Dass sechs Kulturen nacheinander auf einem Beet wachsen können, klingt erst einmal unrealistisch, aber mit schnell wachsenden Kulturen ist das durchaus machbar. Für sechs Ernten pro Saison ist es allerdings nötig, Anfang des Jahres schon eine Winterkultur auf dem Beet zu haben, die im Vorjahr gesät oder gepflanzt wurde. Auf diesem Beispielbeet sind in deinem ersten Gartenjahr also nur fünf Kulturen möglich, im nächsten dann sechs. Anfang des Jahres steht auf diesem Beet Feldsalat, der im September des vorigen Jahres gesät wurde. Geerntet wird er dann im Februar und macht das Beet frei für die Spinataussaat Anfang März, die Ende April bis Anfang Mai abgeerntet wird. Mitte Mai wird ein Miniromanasalat wie die Sorte 'Xanadu' gepflanzt, der Anfang April vorgezogen wurde und schon Mitte bis Ende Juni geerntet werden kann. Anfang Juli kommt Kohlrabi aufs Beet, der Anfang Juni vorgezogen wurde. Die Ernte erfolgt dann Ende August, sodass Anfang September Radieschen gesät werden können. Dass hier zwei Kreuzblütler im selben Jahr auf einem Beet wachsen, ist in Sachen Pflanzengesundheit kein Problem – mehr zum Thema Fruchtfolge auf Seite 30. Die Radieschen sind etwa Mitte bis Ende Oktober zu ernten und machen dann Platz für die Aussaat von Winterportulak, der von Dezember bis März beerntet werden kann. So sind selbst auf kleiner Fläche viele verschiedene Ernten im Jahr möglich.

DAS GEWÄCHSHAUS

Wenn du genug Platz im Garten hast, solltest du auf ein Gewächshaus nicht verzichten. Es hat sehr viele positive Aspekte – vom perfekten Klima für die Anzucht der Jungpflanzen im Frühling über den besten Tomatenstandort im Sommer bis hin zur Erntezeitverlängerung im Herbst und Winter und der Ernteverfrühung im Frühling. Es gibt viele verschiedene Gewächshausvarianten, die alle ihre Vor- und Nachteile haben. Finde das für dich passende Modell.

DAS FOLIENGEWÄCHSHAUS

Foliengewächshäuser bieten einen großen Vorteil: Sie sind im Verhältnis zur Größe recht günstig. Schon für unter 50 € werden Modelle mit bis zu 4 m^2 Fläche angeboten, und auch große Folientunnel sind recht erschwinglich. So können große Mengen an Gemüse schon sehr früh im Jahr angebaut und geerntet werden, und auch die Versorgung mit eigenem Gemüse im Winter wird so deutlich erleichtert. Der große Nachteil der Foliengewächshäuser ist jedoch ihre Anfälligkeit für Wind, Starkregen oder Hagel. Auf freien Flächen können sie schon beim ersten kräftigeren Gewitter der Saison komplett zerstört werden. Ideal sind Foliengewächshäuser für kleine Hausgärten in windgeschützter Lage. Ein weiterer Nachteil der Foliengewächshäuser ist die niedrige Wärmedämmung. Zwar wärmen sie sich sehr schnell auf und können selbst an nur mäßig warmen Frühlingstagen schon über 20 °C warm werden, jedoch halten sie nachts die Temperatur nicht so gut wie andere Gewächshaustypen.

DAS GÜNSTIGE FERTIGGEWÄCHSHAUS

Auch Gewächshäuser mit Hohlkammer- oder Doppelstegplatten kannst du schon sehr günstig erwerben. Anders als Foliengewächshäuser bleibt hier nachts die Temperatur deutlich wärmer als draußen. Außerdem halten sie deutlich mehr aus in Sachen Wind, können aber bei stärkeren Stürmen im Winter oder Unwettern im Sommer ebenfalls große Schäden nehmen. Deshalb gilt auch hier: besser an windgeschützten Standorten aufstellen. Die meisten günstigen Modelle haben außerdem den Nachteil, dass die Seitenwandhöhe oft sehr niedrig ist, was besonders für Tomaten ungünstig ist. Als Einstieg ins Gärtnern mit Gewächshaus sind sie jedoch im Preis-Leistungs-Verhältnis oft die beste Variante.

DAS SELBST GEBAUTE GEWÄCHSHAUS

Wenn du handwerklich ein wenig begabt bist, kannst du dir auch leicht ein Gewächshaus selbst bauen. Anleitungen dafür findest du im Internet. Nachdem ich in zehn Jahren Gärtnern sieben Fertiggewächshäuser an Stürme und Gewitter verloren habe, habe ich beschlossen, das nächste selbst zu bauen. Die genaue Größe konnte ich auf diese Weise exakt nach meinen Wünschen festlegen, und die Materialkosten waren viel niedriger als bei vergleichbaren Fertiggewächshäusern. Die Materialkosten für mein in einer guten Woche selbst gebautes Gewächshaus mit 2 x 5 m Fläche und etwa 2 m Höhe lagen bei ca. 1.500 €. Ein vergleichbares Fertiggewächshaus in dieser Größe und mit der gleichen Hohlkammerplattenstärke hätte etwa das Drei- bis Vierfache gekostet.

HOCHWERTIGE FERTIGGEWÄCHSHÄUSER

Wenn du bereit bist, etwas mehr zu investieren, lohnt sich die Anschaffung eines hochwertigen Gewächshauses. Nicht nur optisch sind sie ein Hingucker, sondern sie haben auch sämtliche Vorteile, die ein Gewächshaus zu bieten hat. Gute Wärmeisolierung, hohe Stabilität, gute Wetterfestigkeit und perfekte Bedingungen für eine tolle Ernte. Je nach Materialien können 10 m^2 große Gewächshäuser gut und gerne 5.000 € und mehr kosten.

BEETPLANUNG UND BEETNUTZUNG IM GEWÄCHSHAUS

Grundsätzlich ist im Gewächshaus das klassische Drei-Kulturen-Prinzip oftmals das beste, denn vor allem im Sommer ist der Platz im Gewächshaus am geeignetsten für die wärmeliebenden Kulturen, die lange auf den Beeten stehen bleiben, wie Tomaten, Paprika, Gurken, Auberginen oder Melonen. Diese Kulturen kannst du im Gewächshaus, anders als im Freiland, auch schon Ende April oder Anfang Mai pflanzen, was eine sehr frühe Ernte ermöglicht.

Die freien Zeiten auf den Gewächshausbeeten sind etwa von Oktober bis Ende April. Baust du zum Beispiel Tomaten, Auberginen oder Gurken an, lohnt es sich oft, sie schon Mitte September zu entfernen, um früh Platz für die Winterkulturen zu schaffen. Denn bei diesen Sommerkulturen lässt die Gewächshausernte um diese Zeit schon stark nach. Nach ihnen kannst du noch Winterportulak, Radieschen, Feldsalat, Spinat, Winterkopfsalate, Mangold oder Schnittsalate säen, die dann etwa

Ende Februar, vor den Frühjahrskulturen wie Kopfsalat, Pflücksalat oder Kohlrabi, abgeerntet sind. Drei Kulturen pro Beet und Jahr sind auf diese Weise also möglich.

Wachsen Paprika oder Melonen im Gewächshaus, rentiert es sich, diese Kulturen so lange wie möglich stehen zu lassen. Bis etwa Ende Oktober tragen sie noch sehr gut, beziehungsweise haben sie meistens erst im Herbst ihre besten Erträge. Tomaten hingegen bringen die besten Erträge im Hochsommer. Dann kannst du zwar immer noch die gleichen Winterkulturen säen, allerdings sind sie dann meist erst im April des nächsten Frühjahrs erntereif, was wiederum nur zwei Kulturen pro Beet pro Jahr ermöglicht.

In den meisten Jahren ist etwa Ende Februar der beste Zeitpunkt, um die ersten Kulturen ins Gewächshaus zu säen und zu pflanzen. Um diese Zeit können Radieschen, Rettiche, Schnittsalate oder Spinat gesät und Kopfsalate, Pflücksalate, Rübchen, frühe Spitzkohlsorten oder Kohlrabi gepflanzt werden. Vor allem Kohlrabi und Spitzkohl brauchen jedoch bei einer Pflanzung Ende Februar oft länger als bis Ende April bis zur Ernte, sie können den wärmeliebenden Kulturen später also im Weg sein. Deshalb empfiehlt es sich, Kohlrabi oder auch frühe Spitzkohlsorten eher an die Ränder der Beete zu pflanzen und die Mitte der Beete für schnell wachsende Kulturen wie Radieschen oder Spinat zu nutzen. Da die Anbaufläche im Gewächshaus meistens deutlich kleiner ist als im Freiland, lohnt es sich umso mehr, die Beete in der Planung in mehrere kleinere Bereiche zu unterteilen.

Auch im Winter kannst du eine große Vielfalt in deinem Gewächshaus anbauen und ernten.

BEETPLANUNG

IM SELBSTVERSORGER-GARTEN

GEMÜSE NICHT MEHR KAUFEN, SONDERN SELBER ANBAUEN! HIER ERFÄHRST DU, WIE DU DICH 12 MONATE LANG MIT GEMÜSE SELBST VERSORGEN KANNST.

SELBSTVERSORGER-GARTEN

Die Selbstversorgung mit eigenem Gemüse, am besten während des gesamten Jahres, ist ein Traum von immer mehr angehenden sowie erfahrenen Gärtnern. Ich zeige dir hier, was du dabei beachten solltest und gebe dir eine praktische Anleitung für die Beetplanung sowie für die Lagerung und Haltbarmachung der unterschiedlichen Kulturen an die Hand.

BEETFLÄCHE

Wenn du dich über einen sehr langen Zeitraum im Jahr mit Gemüse aus eigenem Anbau versorgen willst, brauchst du natürlich eine nicht gerade kleine Beetfläche. Im Folgenden gebe ich dir ein Beispiel für die Beetplanung eines Selbstversorgergartens, mit dem du zwei Personen fast das ganze Jahr über mit einer großen Vielfalt an Gemüse versorgen kannst. Für das angegebene Beispiel benötigst du inklusive Beete, Wege und Gewächshaus etwa 215 m², also nur etwas mehr als 100 m² pro Person.

BEETPLANUNG FÜR DIE SELBSTVERSORGUNG

Um eine möglichst lange Selbstversorgung zu erreichen, sind in diesem Beispiel viele Komponenten beachtet, die du am Anfang des Buches schon gelernt hast. Die Beete sind so lange wie möglich genutzt, es gibt nur sehr wenig Leerstand. Wo Kulturen abgeerntet werden, werden gleich wieder neue gesät und gepflanzt. Viele Kulturen sind gestaffelt angebaut, werden also mehrfach pro Jahr gesät, gepflanzt und beerntet. Dadurch werden Beete auch schneller wieder frei für neue Kulturen. Ein weiterer Ansatz, der oftmals untergeht in der ganzjährigen Selbstversorgung, ist eine Ausgewogenheit zwischen Sommer und Winter, was die Erntemenge und Vielfalt betrifft. Wer einen Gemüsegarten hat, kennt das Problem: viel zu viele Ernten im Sommer und viel zu wenige im Winter. Für eine möglichst effiziente Selbstversorgung ist also auch ein entsprechender Fokus auf die Wintermonate vonnöten. Im Winter können die frostharten Kulturen viel länger auf dem Beet stehen als im Sommer, in welchem sie aufgrund der Wärme und der langen, hellen Tage oftmals schnell abgeerntet werden müssen. Hier empfiehlt es sich also, Winterkulturen in größeren Mengen auf einmal anzubauen und dann Stück für Stück, über mehrere Wochen hinweg, abzuernten, während im Sommer nie zu viel auf einmal reifen sollte.

Auch Lagerung und Haltbarmachung spielen in der ganzjährigen Selbstversorgung eine große Rolle. Kulturen, die sich gut haltbar machen lassen (z. B. Weiß- oder Rotkraut), Kulturen, die sich gut einfrieren lassen (z. B. Bohnen, Erbsen

oder Mais) oder Kulturen, die sich gut lagern lassen (z.B. Kartoffeln oder Möhren), sollten in größerer Menge geerntet werden können als für den Frischverbrauch nötig. Anders sieht es bei Kulturen aus, die direkt gegessen werden müssen, wie Salate oder Radieschen. Diese Kulturen solltest du immer nur in kleinen Mengen anbauen.

INFORMATIONEN ZU DEN BEETPLÄNEN

Die Beete in diesem Beispielgarten sind im Freiland 3,00 m lang und 1,50 m breit. Die meisten Kulturen haben ideale Reihenabstände von 30 oder 50 cm, von ihnen passen also fünf, beziehungsweise drei Reihen auf jedes Beet. Im Gewächshaus sind die Beete in 60 cm breite und 3 m lange Bereiche eingeteilt.

Bei den Pflanzen, die im Januar kursiv geschrieben sind, handelt es sich um Kulturen, die schon in der letzten Saison gesät oder gepflanzt wurden. Ist das deine erste Saison mit diesem Plan, sind die Beete im Januar noch leer und können teilweise ab Februar/März mit anderen Vorkulturen bestückt werden. Schaue hierfür in die Tabelle auf dem Poster hinten im Buch oder in die Gemüseporträts, welche Kulturen sich eignen. Kulturen, deren Baukästen im Dezember mit einem Pfeil gekennzeichnet sind, stehen bis ins nächste Jahr auf dem Beet. Ist kein Pfeil angegeben, ist die Kultur bis Januar abgeerntet.

Aspekte der Mischkultur und Fruchtfolge sind aufs Nötigste beschränkt. Pflanzen, die auf gar keinen Fall nebeneinander wachsen sollten, haben einen gewissen Abstand zueinander, und es wachsen nicht mehrere Kreuzblütler hintereinander auf den Beeten. In den wenigen Fällen, in denen sie es doch tun, ist der zweite Kreuzblütler eine kohlhernieresistente Sorte. Außerdem bietet der Plan eine große Vielfalt übers ganze Jahr, ist aber natürlich nicht das absolute Maximum für jede einzelne Kultur. Wenn dir also eine bestimmte Kultur besonders wichtig ist oder dir eine der eingeplanten Kulturen nicht schmeckt, kannst du sie natürlich jederzeit mit einer für dich passenden ersetzen, hierfür findest du in den Porträts (ab Seite 80) eine große Auswahl.

BAUKÄSTEN FÜR DAS FREILAND

<table>
<tr><th></th><th colspan="3">JANUAR</th><th colspan="3">FEBRUAR</th><th colspan="3">MÄRZ</th><th colspan="3">APRIL</th><th colspan="3">MAI</th><th colspan="3">JUNI</th></tr>
<tr><th></th><th>A</th><th>M</th><th>E</th><th>A</th><th>M</th><th>E</th><th>A</th><th>M</th><th>E</th><th>A</th><th>M</th><th>E</th><th>A</th><th>M</th><th>E</th><th>A</th><th>M</th><th>E</th></tr>
<tr><td></td><td>01.–10.</td><td>11.–21.</td><td>22.–31.</td><td>01.-09.</td><td>10.-19.</td><td>20.-28.</td><td>01.–10.</td><td>11.–21.</td><td>22.–31.</td><td>01.–10.</td><td>11.–20.</td><td>21.–30.</td><td>01.–10.</td><td>11.–21.</td><td>22.–31.</td><td>01.–10.</td><td>11.–20.</td><td>21.–30.</td></tr>
<tr><td>B 01</td><td colspan="9">Feldsalat 'Accent'</td><td colspan="9">Kartoffel 'Altesse'</td></tr>
<tr><td>B 02</td><td colspan="9">Wirsing 'Winterfürst'</td><td colspan="9">Kartoffel 'Rosara'</td></tr>
<tr><td>B 03</td><td colspan="9">Feldsalat 'Accent'</td><td colspan="9">Kartoffel 'Linda'</td></tr>
<tr><td>B 04</td><td colspan="9">Rosenkohl 'Crispus'</td><td colspan="9">Kartoffel 'Setanta'</td></tr>
<tr><td>B 05</td><td colspan="6">Spinat 'Winterriesen'</td><td colspan="12">Möhre 'Nantaise'</td></tr>
<tr><td>B 06</td><td colspan="6">Grünkohl 'Winnetou'</td><td colspan="12">Möhre 'Mokum'</td></tr>
<tr><td>B 07</td><td colspan="6">Spinat 'Winterriesen'</td><td colspan="12">Möhre 'Nominator', Porree 'Bavaria'</td></tr>
<tr><td>B 08</td><td colspan="6">Spinat 'Winterriesen'</td><td colspan="12">Möhre 'Lange Rote Stumpfe Ohne Herz'</td></tr>
<tr><td>B 09</td><td colspan="6">Rettich 'Runder Schwarzer Winter'</td><td colspan="12">Möhre 'Rote Riesen'</td></tr>
<tr><td>B 10</td><td colspan="9">Winterportulak</td><td colspan="9">Zwiebel 'Exhibition', Knoblauch 'Messidrome'</td></tr>
<tr><td>B 11</td><td colspan="5"></td><td colspan="8">Spinat 'Matador'</td><td colspan="5">Zucchini 'Soleil' + 'Defender',
Gurke 'Diamant'</td></tr>
<tr><td>B 12</td><td colspan="13">Kopfsalat 'Wintermarie'</td><td colspan="5">Zuckermais 'Tatonka'</td></tr>
<tr><td>B 13</td><td colspan="5"></td><td colspan="8">Rucola 'Wilde Rauke', Rucola 'Ruca'</td><td colspan="5"></td></tr>
<tr><td>B 14</td><td colspan="5"></td><td colspan="8">Asiasalatmischung</td><td colspan="5">Stangenbohne 'Lady Di'
+ 'Weiße Riesen'</td></tr>
<tr><td>B 15</td><td colspan="5"></td><td colspan="8">Spinat 'Matador'</td><td colspan="5"></td></tr>
<tr><td>B 16</td><td colspan="5"></td><td colspan="9">Spinat 'Matador'</td><td colspan="4"></td></tr>
</table>

JULI			AUGUST			SEPTEMBER			OKTOBER			NOVEMBER			DEZEMBER		
A	M	E	A	M	E	A	M	E	A	M	E	A	M	E	A	M	E
01.–10.	11.–21.	22.–31.	01.-09.	10.–19.	20.–28.	01.–10.	11.–21.	22.–31.	01.–10.	11.–20.	21.–30.	01.–10.	11.–21.	22.–31.	01.–10.	11.–20.	21.–30.

Blumenkohl 'Herbstriesen', Brokkoli 'Marathon', Buschbohne 'Maxi'

Endivie 'Eros'

Kartoffel 'Linda' — Spinat 'Winterriesen' →

Kartoffel 'Setanta' — Spinat 'Winterriesen' →

Wirsing 'Winterfürst' →

Chinakohl 'Kilakin'

Möhre 'Nominator', Porree 'Bavaria' — Radieschen 'Riesenbutter'

Möhre 'Lange Rote Stumpfe Ohne Herz' — Kopfsalat 'Wintermarie' →

Möhre 'Rote Riesen'

Feldsalat 'Holländischer Breitblättriger'

Rettich 'Runder Schwarzer Winter' →

Rübchen 'Plessis'

Kürbis 'Waltham Butternut' und 'Hokkaido' — Feldsalat 'Accent' →

Stangenbohne 'Lady Di' + 'Weiße Riesen' — Feldsalat 'Accent' →

Spitzkohl 'Filderkraut'

Rotkohl 'Lodero'

JANUAR			FEBRUAR			MÄRZ			APRIL			MAI			JUNI		
A	M	E	A	M	E	A	M	E	A	M	E	A	M	E	A	M	E
01.–10.	11.–21.	22.–31.	01.-09.	10.–19.	20.–28.	01.–10.	11.–21.	22.–31.	01.–10.	11.–20.	21.–30.	01.–10.	11.–21.	22.–31.	01.–10.	11.–20.	21.–30.

Beet	Kulturen
B 17	*Feldsalat 'Accent'* / Puffbohne 'Piccola'
B 18	Spinat 'Matador' / Tomate 'Elfin', Tomate 'Auriga'
B 19	Rübstiel 'Namenia' / Tomate 'Philovita'
B 20	Rettich 'Frühlingsgruß', Rettich 'Eiszapfen'
B 21	*Knoblauch 'Germidour'*
B 22	*Spinat 'Winterriesen'* / Erbsen 'Evita' + 'Blauwschokker'
B 23	Radieschen 'Saxa', Radieschen 'Viola', Radieschen 'Poloneza', Radieschen 'Flamboyant'
B 24	Spinat 'Matador' / Buschbohne 'Davis', Buschbohne 'Purple Teepee'
B 25	*Winterportulak* / Rotkohl 'Roodkop' / Wirsing 'Vorbote' / Wirsing 'Wirosa'
B 26	Blumenkohl 'Frühernte', Wirsing 'Vorbote', Chinakohl 'Kilakin'
B 27	Rotkohl 'Tinty', Spitzkohl 'Express', Weißkohl 'Derby Day'
B 28	Kopfsalat 'Maikönig'
B 29	*Zwiebel 'Shakespeare'*
B 30	*Winterportulak* / Rote Bete 'Rote Kugel', Rote Bete 'Chiogga', Rote Bete 'Avalanche', Rote Bete 'Boldor'
B 31	*Spinat 'Winterriesen'* / Pastinake 'Gladiator' / Wurzelpetersilie 'Halblange' / Lauchzwiebel 'Kaigaro' / Stangensellerie 'Tango' / Knollensellerie 'Mars'
B 32	Kopfsalat 'Merveille des quatre saisons' / Spinat 'Matador' / Rettich 'Mino Early' / Pak Choi 'Joi Choi' / Mangold 'Bright Lights' / Pak Choi 'Joi Choi' / Romanasalat 'Corbana' / *Spinat 'Winterriesen'* / Eissalat 'Sioux'

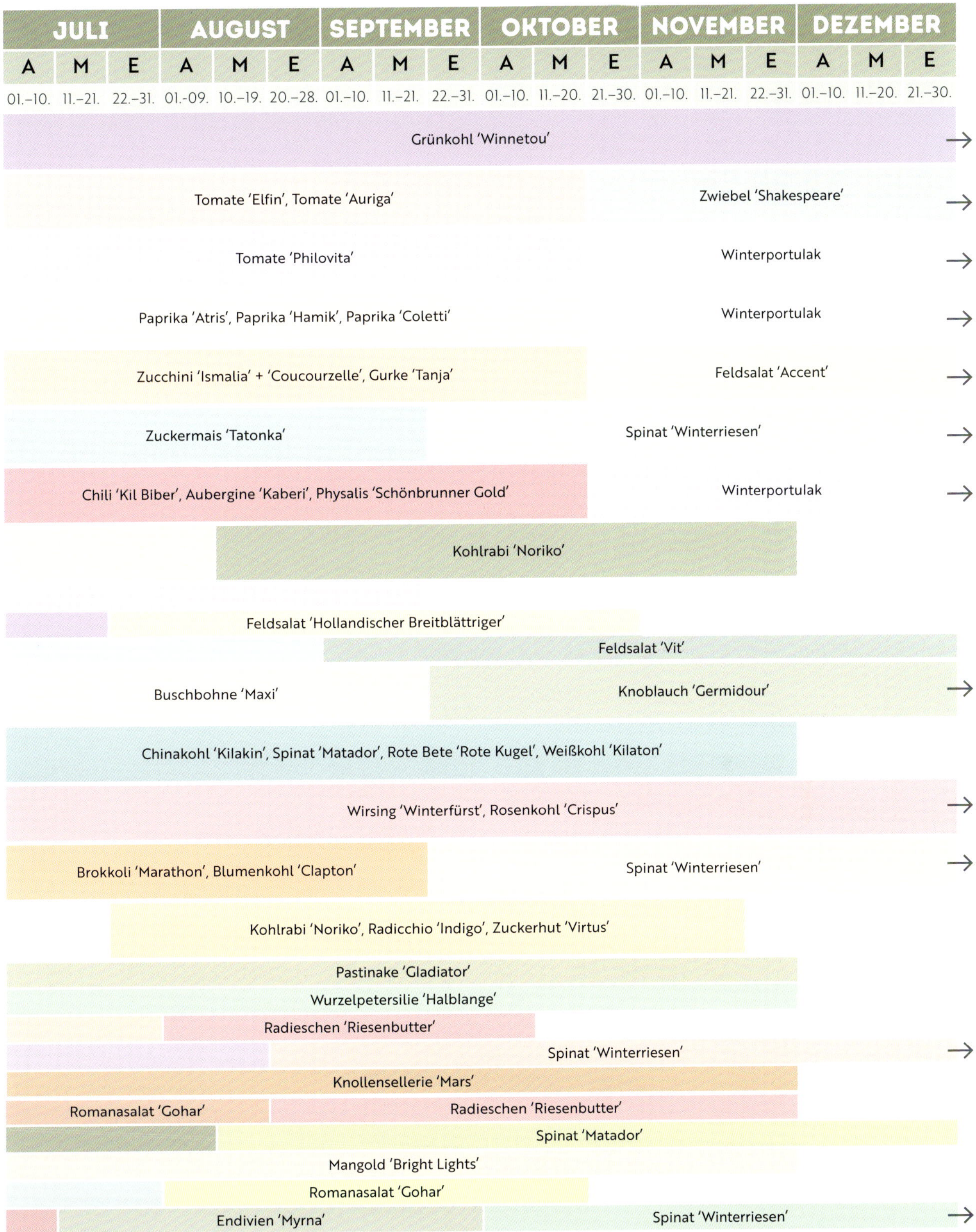
JULI
AUGUST
SEPTEMBER
OKTOBER
NOVEMBER
DEZEMBER
A M E A M E A M E A M E A M E A M E
01.–10. 11.–21. 22.–31. 01.-09. 10.–19. 20.–28. 01.–10. 11.–21. 22.–31. 01.–10. 11.–20. 21.–30. 01.–10. 11.–21. 22.–31. 01.–10. 11.–20. 21.–30.
Grünkohl 'Winnetou'
Tomate 'Elfin', Tomate 'Auriga'
Zwiebel 'Shakespeare'
Tomate 'Philovita'
Winterportulak
Paprika 'Atris', Paprika 'Hamik', Paprika 'Coletti'
Winterportulak
Zucchini 'Ismalia' + 'Coucourzelle', Gurke 'Tanja'
Feldsalat 'Accent'
Zuckermais 'Tatonka'
Spinat 'Winterriesen'
Chili 'Kil Biber', Aubergine 'Kaberi', Physalis 'Schönbrunner Gold'
Winterportulak
Kohlrabi 'Noriko'
Feldsalat 'Hollandischer Breitblättriger'
Feldsalat 'Vit'
Buschbohne 'Maxi'
Knoblauch 'Germidour'
Chinakohl 'Kilakin', Spinat 'Matador', Rote Bete 'Rote Kugel', Weißkohl 'Kilaton'
Wirsing 'Winterfürst', Rosenkohl 'Crispus'
Brokkoli 'Marathon', Blumenkohl 'Clapton'
Spinat 'Winterriesen'
Kohlrabi 'Noriko', Radicchio 'Indigo', Zuckerhut 'Virtus'
Pastinake 'Gladiator'
Wurzelpetersilie 'Halblange'
Radieschen 'Riesenbutter'
Spinat 'Winterriesen'
Knollensellerie 'Mars'
Romanasalat 'Gohar'
Radieschen 'Riesenbutter'
Spinat 'Matador'
Mangold 'Bright Lights'
Romanasalat 'Gohar'
Endivien 'Myrna'
Spinat 'Winterriesen'

BAUKÄSTEN FÜR DAS GEWÄCHSHAUS

	Januar			Februar			März			April			Mai			Juni		
	A	M	E	A	M	E	A	M	E	A	M	E	A	M	E	A	M	E
	01.–10.	11.–21.	22.–31.	01.–09.	10.–19.	20.–28.	01.–10.	11.–21.	22.–31.	01.–10.	11.–20.	21.–30.	01.–10.	11.–21.	22.–31.	01.–10.	11.–20.	21.–30.

Beet	Kulturen		
GH 1	Winterportulak	Kohlrabi 'Kref'	
GH 2	Winterportulak	Rübe 'Market Express'	
GH 3	Spinat 'Corvair'		
GH 4	Kopfsalat 'Nansen's Noordpool'		
GH 5	Feldsalat 'Accent'	Pflücksalat Babyleafmischung	Tomate 'Tschernij Prinz' + Honigmelone 'Murrmel'
GH 6	Feldsalat 'Accent'	Radieschen 'Saxa', Radieschen 'Viola'	Tomate 'Green Zebra' + Honigmelone 'Murrmel'
GH 7	Asiasalat 'Mizuna', Asiasalat 'Rouge Metis'		
GH 8	Asiasalat 'Red Giant', Asiasalat 'Green in Snow'		

Bevor die Tomaten aufs Beet kommen, kannst du das Gewächshaus für die Jungpflanzenanzucht nutzen.

JULI			AUGUST			SEPTEMBER			OKTOBER			NOVEMBER			DEZEMBER		
A	M	E	A	M	E	A	M	E	A	M	E	A	M	E	A	M	E
01.–10.	11.–21.	22.–31.	01.-09.	10.–19.	20.–28.	01.–10.	11.–21.	22.–31.	01.–10.	11.–20.	21.–30.	01.–10.	11.–21.	22.–31.	01.–10.	11.–20.	21.–30.

Tomate 'Venusbrüstchen' + Wassermelone 'Red Star'	Feldsalat 'Accent' →
Tomate 'Roter Kürbis' + Wassermelone 'Red Star'	Feldsalat 'Accent' →
Tomate 'Yellow Pearshaped' + Wassermelone 'Mini Love'	Asiasalat 'Mizuna', Asiasalat 'Rouge Metis' →
Tomate 'Black Cherry' + Wassermelone 'Janosik'	Asiasalat 'Red Giant', Asiasalat 'Green in Snow' →
Tomate 'Tschernij Prinz' + Honigmelone 'Murrmel'	Spinat 'Corvair' →
Tomate 'Green Zebra' + Honigmelone 'Murrmel'	Kopfsalat 'Nansen's Noordpool' →
Tomate 'Lucky Tiger' + Honigmelone 'Stellio'	Winterportulak →
Tomate 'Black Zebra Cherry' + Honigmelone 'Stellio'	

Im Gewächshaus können Tomatenpflanzen ohne Probleme 5 kg Früchte produzieren.

EIN JAHR IM SELBSTVERSORGERGARTEN

JANUAR

Im Januar beginnen bereits die Vorbereitungen für die kommende Gartensaison. Im Haus kannst du schon die ersten Samen in die Erde bringen, während auf den Beeten noch viele Winterkulturen aus der vorangegangenen Saison wachsen und dich mit frischen Ernten versorgen. Die Gartenplanung solltest du jetzt abgeschlossen haben, das Saatgut für die Saison sollte gekauft sein, und du solltest in aller Ruhe durch den Garten gehen und überlegen, welche Aufräumarbeiten, Bauprojekte oder Ähnliches vor dem Frühling noch gemacht werden müssen.

ANZUCHT

Schon im Januar kannst du mit der Anzucht verschiedener Kohlarten, Salate und Zwiebelgewächse beginnen. Das ermöglicht dir besonders frühe Ernten. Achte aber unbedingt darauf, dass es die Keimlinge hell genug haben. So früh im Jahr können dir auch Anzuchtlampen weiterhelfen.

Kopfsalat · Kohlrabi · Weißkohl · Spitzkohl · Rotkohl · Wirsing · Chinakohl · Blumenkohl · Pak Choi · Rüben · Zwiebeln · Lauchzwiebeln · Porree

FRISCHE ERNTE

Auch im tiefsten Winter kannst du noch einige Kulturen frisch aus dem Garten ernten. Blattgemüse solltest du aber nur bei frostfreier Witterung ernten, da sie sonst beim Auftauen matschig werden können.

Feldsalat · Wirsing · Rosenkohl · Grünkohl · Spinat · Rettich · Winterportulak · Asiasalate

GELAGERTE ERNTE

Dein Lager sollte im Januar noch ziemlich voll sein. Schaue mindestens ein- bis zweimal pro Woche alles durch und sortiere faule oder geschimmelte Exemplare aus.

Kartoffeln · Möhren · Kürbis · Rote Bete · Zwiebeln · Knoblauch · Wurzelpetersilie · Pastinaken · Knollensellerie

FEBRUAR

An frostfreien Februartagen kannst du schon anfangen, leere Beete auf die nächsten Aussaaten vorzubereiten. Entferne Unkräuter und bringe Bodenverbesserungen wie Kompost, Kalk, Gesteinsmehl oder Bodenaktivator aus. Ende des Monats sollten auch alle Wintergemüsebeete abgeerntet sein, auf die Ende Februar oder Anfang März die nächsten Kulturen kommen sollen.

ANZUCHT

Im Februar nimmt die Anzuchtsaison Fahrt auf. Die wärmeliebenden Pflanzen solltest du auf jeden Fall im Haus, auf der Fensterbank oder unter Wachstumslampen vorziehen. Kulturen wie Kohlarten, Salate, Zwiebelgewächse sowie Erbsen oder Puffbohnen können bei milder Witterung Ende des Monats schon ins Gewächshaus umziehen. Hierfür sollte die Temperatur nachts im Gewächshaus nicht unter –3 °C gehen und tagsüber mindestens 10 °C erreichen.

Paprika · Chili · Auberginen · Physalis · Puffbohnen · Erbsen · Eissalat · Rotkohl · Wirsing · Sellerie · Tomaten für Gewächshauspflanzung

DIREKTSAAT

Die ersten kältetoleranten Vorkulturen können schon Ende Februar gesät werden. Bei sehr kalter Witterung kannst du aber auch noch bis in den März damit warten.

Spinat · Asiasalate · Rauke · Rübstiel · Radieschen · Rettich

PFLANZUNG

Schon im Februar kannst du die ersten Jungpflanzen ins Gewächshaus pflanzen. Ende des Monats ist es dafür meist schon warm genug. So kannst du schon sehr frühe Ernten erzielen.

Kohlrabi · Rüben

FRISCHE ERNTE

Im Spätwinter werden es immer weniger Kulturen, die noch auf den Beeten stehen. Bevor die ersten Frühlingstage beginnen, solltest du Winterrettich, Rosenkohl und Grünkohl abgeerntet haben, denn ab März werden sie qualitativ deutlich schlechter.

Feldsalat · Wirsing · Rosenkohl · Grünkohl · Spinat · Rettich · Winterportulak · Asiasalate

GELAGERTE ERNTE

Im Lager sind jetzt noch die gleichen Kulturen verfügbar wie im Januar. Schaue auch im Februar regelmäßig durch, ob du faules oder geschimmeltes Gemüse findest und entsorge es. Bis Ende des Monats solltest du Kürbisse und Sellerie aufgebraucht haben.

Kartoffeln · Möhren · Kürbis · Rote Bete · Zwiebeln · Knoblauch · Wurzelpetersilie · Pastinaken · Knollensellerie

MÄRZ

Der März ist der wohl schwierigste Monat in der Selbstversorgung. Vielen Winterkulturen der vergangenen Saison wird es jetzt zu hell und zu warm, während die frühen Kulturen der nächsten Saison noch nicht erntereif sind. Gleichzeitig ist der Vorfrühling auch wunderschön im Garten, denn die Freilandsaison geht jetzt richtig los, das Gewächshaus und die Anzuchtregale füllen sich immer mehr, und die Natur beginnt, mit ihren Frühblühern den grauen und tristen Winter zu vertreiben.

ANZUCHT

Der ideale Monat für die Tomatenanzucht ist der März. Bei Aussaat Mitte März haben die Tomaten Mitte Mai, wenn sie ins Beet kommen, die ideale Pflanzgröße. Alle nicht frostempfindlichen Jungpflanzen können jetzt ins Gewächshaus umziehen und fühlen sich dort meist viel wohler als auf der Fensterbank oder unter den Anzuchtlampen.

Tomaten · Melonen

DIREKTSAAT

Bei kühler Witterung Ende Februar kannst du auch jetzt noch die entsprechenden Februaraussaaten nachholen. Außerdem ist es jetzt Zeit, die Möhrensamen in die Erde zu bringen. Sämtliche Saaten müssen jetzt unbedingt feucht gehalten werden.

Möhren

PFLANZUNG

Die ersten kältetoleranten Jungpflanzen können jetzt auf die Beete umziehen. Achte aber unbedingt darauf, dass die entsprechenden Salat- und Kohlsorten für eine solch frühe Pflanzung geeignet sind.

Kopfsalat · Weißkohl · Spitzkohl · Rotkohl · Wirsing · Chinakohl · Blumenkohl · Pak Choi

FRISCHE ERNTE

Die Frischernte ist im Vorfrühling auf ihrem Minimum. Trotzdem kannst du auch jetzt noch einige Gemüsearten ernten und dich gleichzeitig auf die neuen Kulturen freuen, die du gerade gesät und gepflanzt hast.

Feldsalat · Wirsing · Spinat · Winterportulak

GELAGERTE ERNTE

Auch im Lager wird die Vielfalt weniger. Bis Ende des Monats solltest du auch das gesamte Wurzelgemüse aufgebraucht haben, nur Zwiebeln und Knoblauch eignen sich jetzt noch für eine längere Lagerung.

Kartoffeln · Möhren · Rote Bete · Zwiebeln · Knoblauch · Wurzelpetersilie · Pastinaken

Gerade sehr früh im Jahr ist es wichtig, dass du auf kältetolerante Sorten achtest.

APRIL

Der Vollfrühling ist eine wunderschöne Zeit im Garten. Die Obstbäume blühen, die Tage werden immer länger und die ganze Natur erwacht wieder zum Leben. Gleichzeitig füllen sich die Beete immer weiter, und es gibt die ersten kleinen Ernten der neuen Saison. Jetzt heißt es, besonders vorsichtig zu sein, denn im April kommt es immer noch oft zu Nachtfrost.

ANZUCHT

Alle Jungpflanzen fühlen sich jetzt im Gewächshaus am wohlsten. Achte aber besonders bei den frostempfindlichen Pflanzen auf die Frostgefahr und hole sie in kalten Nächten lieber ins Haus oder decke sie im Gewächshaus zusätzlich mit einem Vlies ab. An warmen Apriltagen solltest du unbedingt auf eine gute Lüftung des Gewächshauses achten.

Kürbis · Gurken · Zucchini · Buschbohnen · Romanasalat · Rotkohl · Spitzkohl · Zuckermais

DIREKTSAAT

Jetzt ist die Zeit gekommen, viele Wurzelgemüse in die Erde zu bringen. Ist es Anfang des Monats noch kühl, wartest du lieber ein paar Tage länger, denn ein warmer Boden ist entscheidend.

Kartoffeln · Rote Bete · Knoblauch · Wurzelpetersilie · Pastinaken

PFLANZUNG

Immer mehr Kulturen können nun auf die Beete. Was jetzt gepflanzt wird, kommt auch mit leichten Frösten klar, also keine Panik bei drohendem Bodenfrost.

Puffbohnen · Eissalat · Rotkohl · Wirsing · Zwiebeln · Lauchzwiebeln · Porree

FRISCHE ERNTE

Die ersten Ernten der neuen Saison sind immer etwas ganz Besonderes. Die sehr frühen Freilandaussaaten aus Februar und März können jetzt schon beerntet werden. Gleichzeitig ist mit dem Winterkopfsalat noch eine überwinterte Kultur aus dem letzten Jahr zu ernten, und im Gewächshaus stehen schon die ersten neuen Ernten parat.

Spinat · Rauke · Asiasalate · Rübstiel · Radieschen · Kopfsalat · Kohlrabi · Rüben · Pflücksalat

GELAGERTE ERNTE

Im Lager sind jetzt der verbliebene Knoblauch und die Zwiebeln fällig. Brauche sie bis Ende des Monats auf und kontrolliere regelmäßig auf faule oder schimmelnde Exemplare.

Zwiebeln · Knoblauch

MAI

Der Mai steht im Zeichen der Eisheiligen in der Mitte des Monats. In diesem Zeitraum kommen alle paar Jahre Spätfröste vor. Achte also darauf, dass du die wärmeliebenden Pflanzen nicht vor dem 15. Mai nach draußen pflanzt. Ist ein paar Tage vorher klar, dass Frost kein Thema mehr ist, kannst du natürlich auch früher mit den Freilandpflanzungen beginnen, aber lieber einen Tag länger warten als einen Tag zu wenig. Die frosttoleranten Arten wie Kohl oder Salate kannst du auch vor Mitte des Monats schon ins Freie bringen.

ANZUCHT

Obwohl Mitte Mai fast alle bisher vorgezogenen Jungpflanzen ins Beet kommen, geht die Anzucht trotzdem weiter. Ein halbschattiger Ort im Garten eignet sich jetzt für die Anzucht aber deutlich besser als das Gewächshaus, in dem es spätestens Ende des Monats viel zu warm sein wird.

Romanasalat · Weißkohl · Wirsing · Chinakohl · Blumenkohl · Brokkoli · Rosenkohl

DIREKTSAAT

Mit den Direktsaaten musst du auch nicht zwingend bis zum 15. warten. Sie sollten nur so spät gesät sein, dass sie nicht vor Ende der Eisheiligen keimen. Aber auch hier gilt, lieber einen Tag länger warten, als am Ende erfrorene Keimlinge zu beklagen, besonders bei den wärmeliebenden Bohnen.

Buschbohnen · Stangenbohnen · Mangold · Rettich

PFLANZUNG

Die Zeit von Mitte bis Ende Mai, wenn nach den Eisheiligen alle frostempfindlichen Pflanzen ins Freiland kommen, ist die arbeitsintensivste Zeit im ganzen Gartenjahr. Jetzt werden die Weichen gestellt für die großen Ernten in Sommer und Herbst.

Tomaten · Paprika · Chili · Auberginen · Physalis · Kürbis · Zucchini · Gurken · Buschbohnen · Romanasalat · Rotkohl · Spitzkohl · Sellerie · Zuckermais

FRISCHE ERNTE

Sämtliche Vorkulturen, die in Februar und März gesät wurden, sollten bis Mitte des Monats abgeerntet sein, um Platz für die frostempfindlichen Hauptkulturen zu machen. In der ersten Maihälfte gibt es also reichlich Blattgemüse. Den Spinat kannst du jetzt auch für die nächsten Monate einfrieren. Ende des Monats gibt es auch schon die erste Kohlernte der Saison dank des frühen Anbaus.

Spinat · Rauke · Asiasalate · Rübstiel · Radieschen · Rettich · Kopfsalat · Puffbohne · Erbsen · Chinakohl · Pak Choi · Spitzkohl · Weißkohl · Rüben · Kohlrabi

JUNi

Der Frühsommer ist in vielen Jahren die üppigste Zeit. Die Pflanzen sind saftig grün, Hitze- und Trockenstress spielen meist noch keine Rolle, und alles wächst aufgrund der langen Tage wie verrückt. Jetzt heißt es einfach genießen und immer wieder nach dem unerwünschten Beikraut schauen – das wächst um diese Zeit nämlich mindestens genauso schnell wie dein Gemüse.

ANZUCHT

Während du dich gerade freust, dass der Sommer da ist, die Frostgefahr gebannt ist und alle Kulturen so schnell wachsen, dass du ihnen dabei zuschauen kannst, solltest du jetzt schon anfangen, an Herbst und Winter zu denken. Denn viele Kulturen, die von Oktober bis Februar geerntet werden, werden jetzt vorgezogen.

Gurken · Zucchini · Endivien · Zuckerhut · Radicchio · Kohlrabi · Wirsing · Blumenkohl · Brokkoli · Grünkohl · Zuckermais

DIREKTSAAT

Kulturen, die jetzt gesät werden, benötigen eine gute Bewässerung. Trocknet die Erde aus, wird das Keimergebnis verschlechtert. Gieße also täglich.

Buschbohnen · Rote Bete

PFLANZUNG

Jetzt ist die Zeit der gestaffelten Kulturen, besonders bei Salat und Kohl. Während du die frühesten Sätze schon geerntet hast und die zweiten oder dritten Sätze sich in ihrer Hauptwachstumsphase befinden, kommen die nächsten Sätze schon aufs Beet, um das Erntefenster zu verlängern.

Romanasalat · Weißkohl · Wirsing · Chinakohl · Blumenkohl · Brokkoli · Rosenkohl

ERNTE

Langsam wird die Vielfalt wieder größer. Neben Blatt- und Kohlgemüsen sind im Juni auch schon die ersten wärmeliebenden Fruchtgemüse im Ertrag. Im Gewächshaus gibt's schon die ersten Tomaten. Außerdem fängt beim Wurzelgemüse die Ernte an, und auch die Bohnen gehen in den Ertrag, wenn du schon früh vorgezogen hast.

Kartoffeln · Möhren · Zucchini · Gurken · Puffbohnen · Erbsen · Buschbohnen · Knoblauch · Blumenkohl · Wirsing · Chinakohl · Spitzkohl · Rotkohl · Weißkohl · Kopfsalat · Zwiebeln · Mangold · Eissalat · Tomaten

JULI

Im Hochsommer leiden deine Pflanzen oft unter Hitze und Trockenheit, und auch heftige Gewitter sind in vielen Jahren an der Tagesordnung. In kaum einem anderen Monat ist der Klimawandel schon jetzt so spürbar wie im Juli. Besonders bei Trockenheit musst du jetzt viel gießen, am besten früh morgens.

ANZUCHT

Trotz Hitze ist auch im Juli noch einiges in der Anzucht zu erledigen. Was jetzt vorgezogen wird, kommt dann im August auf die Beete. Gerade in sehr warmen Jahren solltest du die Anzuchten an einem halbschattigen Ort im Garten stehen haben und mindestens einmal täglich gießen.

Romanasalat · Endivien · Kohlrabi · Chinakohl

DIREKTSAAT

Auf frei gewordenen Beeten können auch im Juli einige Kulturen direkt gesät werden. Wie auch bei den Anzuchten kommt es im Hochsommer auf eine sehr gute Wässerung an, damit die Samen keimen können und sich zu kräftigen Pflanzen entwickeln.

Buschbohnen · Feldsalat

PFLANZUNG

Im Juli werden schon einige Beete frei, jetzt gilt es, die vorgezogenen Kulturen der letzten Wochen zu pflanzen und somit für Herbst und Winter vorzusorgen. Pflanze am besten an einem bedeckten, nicht zu heißen Tag und besser abends bei Sonnenuntergang. Kräftiges Gießen ist auch hier entscheidend, damit die Jungpflanzen gut anwachsen können.

Gurken · Zucchini · Endivien · Zuckerhut · Radicchio · Kohlrabi · Wirsing · Blumenkohl · Brokkoli · Grünkohl · Zuckermais

ERNTE

Die meisten Sommerkulturen nehmen im Juli Fahrt auf und bringen dir die ersten Ernten. Während die Zeit der meisten Blattgemüse erst einmal vorbei ist, gehen die Fruchtgemüse in den Vollertrag.

Kartoffeln · Möhren · Zwiebeln · Zucchini · Gurken · Zuckermais · Stangenbohnen · Buschbohnen · Tomaten · Auberginen · Wirsing · Rote Bete · Lauchzwiebeln · Stangensellerie · Romanasalat · Eissalat · Rettich · Mangold · Melonen

AUGUST

Der August ist der tollste Erntemonat im Jahr, denn zu keiner Zeit hast du eine solch große Vielfalt an frischen Ernten. Gleichzeitig werden auch viele Beete frei, und einige Sommerkulturen machen Platz für die Herbst- und Winterkulturen. Jetzt werden die Weichen für die kalten Monate gestellt.

DIREKTSAAT

Gesät werden jetzt die schnell wachsenden Kulturen für die Ernte zwischen Oktober und Februar. Auch wenn die Tage wieder kürzer werden, sollten Saaten täglich gegossen werden. Trocknet der Boden aus, führt das zu einem schlechteren Keimergebnis.

Feldsalat • Spinat • Radieschen • Rettich • Rüben

PFLANZUNG

Während schnell wachsende Winterkulturen gesät werden, kommen ebenfalls weitere Herbstkulturen aufs Beet. Die Jungpflanzen, die du jetzt in die Erde bringst, kannst du im Herbst und Frühwinter ernten. Pflanze auch im August nur an bedeckten Tagen oder abends und gieße viel.

Romanasalat • Endivien • Kohlrabi • Chinakohl

ERNTE

Das Fruchtgemüse in seiner Hochzeit: Der beste Tomatengeschmack, die ersten Paprikas und gleichzeitig viele Blatt-, Kohl- und Wurzelgemüse – das kann nur der August. Genieße die abwechslungsreiche Vielfalt und die tollen Geschmackserlebnisse und mache möglichst viele Ernten haltbar für den Winter.

Kartoffeln • Möhren • Zwiebeln • Knoblauch • Zucchini • Gurken • Zuckermais • Kürbis • Stangenbohnen • Buschbohnen • Tomaten • Paprika • Chili • Auberginen • Physalis • Rotkohl • Wirsing • Chinakohl • Brokkoli • Blumenkohl • Stangensellerie • Romanasalat • Rettich • Mangold • Melonen

SEPTEMBER

Der Frühherbst ist einfach eine Zeit zum Genießen im Garten. Relativ wenig Arbeit, meist angenehme Temperaturen und gleichzeitig noch eine große Auswahl an frischem Gemüse. Jetzt heißt es noch mal Sonne tanken für die dunkle Jahreszeit und die letzten warmen Tage genießen!

ANZUCHT

Auch so spät im Jahr lohnt sich noch eine Anzucht. Genauer gesagt die von Winterkopfsalat. Wenn du ihn jetzt vorziehst und im Oktober pflanzt, kannst du schon sehr früh im nächsten Jahr ernten.

Kopfsalat

DIREKTSAAT

Schnell wachsende Winterkulturen können auch jetzt noch auf frei gewordene Beete gesät werden. Während der Knoblauch erst im nächsten Sommer geerntet wird, sind die Radieschen in der Adventszeit schon erntereif und Feldsalat und Spinat etwa um den Jahreswechsel.

Spinat · Feldsalat · Radieschen · Knoblauch

FRISCHE ERNTE

Wenn du noch keine Probleme mit Pilzkrankheiten hast, stehen die meisten Fruchtgemüse jetzt im Vollertrag. Eine tolle Zeit im Jahr, in der du jede Sonnenstunde des Sommers in den Tomaten und Paprikas schmeckst und die ersten Kürbisse schon Lust auf den Herbst machen.

Blumenkohl · Brokkoli · Buschbohnen · Kartoffeln · Möhren · Knoblauch · Kürbis · Stangenbohnen · Tomaten · Paprika · Zucchini · Gurken · Zuckermais · Chili · Auberginen · Physalis · Rotkohl · Feldsalat · Kohlrabi · Endivien · Romanasalat · Radieschen · Mangold · Melonen

GELAGERTE ERNTE

Im Frühherbst ist das Lager noch nicht so relevant, da du jetzt so viele frische Ernten hast. Zwiebeln und Knoblauch kannst du aber schon jederzeit aus dem Lager holen, und die großen Ernten von Kartoffeln oder Möhren können jetzt für die dunkle Jahreszeit bereits eingelagert werden.

Zwiebeln · Knoblauch

OKTOBER

Im Vollherbst neigt sich die Hauptsaison langsam dem Ende zu. In den meisten Jahren kommt es im Laufe des Monats zu den ersten leichten Frösten. Sobald Frostgefahr besteht, solltest du alle frostempfindlichen Pflanzen abernten, deren Beete räumen und die letzten Winterkulturen auf die Beete bringen.

DIREKTSAAT

Viele Beete werden im Oktober frei, denn die Zeit der wärmeliebenden Pflanzen geht jetzt zu Ende. Was du nun säst, wirst du erst im Spätwinter oder Vorfrühling des nächsten Jahres ernten können, lasse aber möglichst keine Beete über den gesamten Winter leer stehen. Auch im Gewächshaus werden jetzt die Winterkulturen gesät.

Feldsalat · Spinat · Portulak · Zwiebeln · Asiasalate

PFLANZUNG

Der vorgezogene Winterkopfsalat eignet sich hervorragend als Nachkultur für alle frostempfindlichen Pflanzen, deren Beete mittlerweile frei geworden sind.

Kopfsalat

FRISCHE ERNTE

Anfang des Monats kannst du noch die letzten Sommerkulturen beernten, und gleichzeitig sind schon viele Herbstkulturen reif. Das macht den Oktober zu einem der vielfältigsten Monate im ganzen Jahr, was die frische Ernte betrifft.

Blumenkohl · Brokkoli · Buschbohnen · Chinakohl · Radieschen · Möhren · Feldsalat · Rüben · Kürbis · Stangenbohnen · Spitzkohl · Rotkohl · Grünkohl · Tomaten · Paprika · Zucchini · Gurken · Chili · Auberginen · Physalis · Kohlrabi · Spinat · Rote Bete · Weißkohl · Wirsing · Rosenkohl · Rettich · Radicchio · Zuckerhut · Pastinaken · Wurzelpetersilie · Radieschen · Knollensellerie · Endivien · Romanasalat · Mangold · Melonen

GELAGERTE ERNTE

Die ersten Gemüsearten aus dem Lager sind jetzt fällig. Was du im September noch frisch aus der Erde geholt hast, kannst du jetzt aus dem Lager holen.

Kartoffeln · Zwiebeln · Knoblauch

NOVEMBER

Im Spätherbst wird es Zeit, auf die Saison zurückzublicken. Schaue dir an, was gut funktioniert hat und was nicht, und schmiede Pläne fürs nächste Jahr. Ansonsten gibt es kaum etwas zu tun im Garten. Genieße die Ruhe nach über acht Monaten harter Gartenarbeit.

FRISCHE ERNTE

Im November hast du noch die volle Bandbreite der Herbstkulturen von Wurzel-, Blatt- und Kohlgemüsen auf den Beeten. Achte aber immer auf die Temperaturen bei Nacht. Sollten schon jetzt zweistellige Minusgrade drohen, ist zu empfehlen, die Kulturen abzuernten, die keine Starkfröste vertragen.

Endivien · Spinat · Wirsing · Chinakohl · Radieschen · Möhren · Feldsalat · Rettich · Rüben · Spitzkohl · Rotkohl · Grünkohl · Rote Bete · Weißkohl · Rosenkohl · Radicchio · Zuckerhut · Pastinaken · Wurzelpetersilie · Knollensellerie · Mangold

GELAGERTE ERNTE

Spätestens Ende des Monats sollte sich das Lager füllen. Während du schon einiges von der Spätsommer- und Frühherbsternte aus dem Lager verwertest, kommen im Laufe des Novembers viele weitere Kulturen hinzu, die du jetzt noch frisch verwerten kannst und ab Dezember dann aus dem Lager holst.

Kartoffeln · Kürbis · Zwiebeln · Knoblauch

DEZEMBER

Viel zu tun hast du im Dezember nicht im Garten. Achte aber gerade im Gewächshaus auf eine gute Belüftung, denn Feuchtigkeit ist vor allem für Blattgemüse im Winter viel gefährlicher als die Kälte. Genieße die Weihnachtszeit, lies ein gutes Gartenbuch und tanke Kraft für die neue Saison, die schon bald losgeht. Der Dezember ist außerdem ein guter Monat für die Erstellung der Beetpläne und die Saatgutbestellungen für die neue Saison.

FRISCHE ERNTE

Auch wenn die Tage kurz, dunkel und kalt sind: Auch im Dezember stehen dir noch einige tolle Winterkulturen zur Verfügung. Jetzt machen sich die frühen Gedanken an den Winter bezahlt, die du dir im Sommer schon gemacht hast. Auch im Gewächshaus werden jetzt die ersten Winterkulturen erntereif.

Endivien · Spinat · Wirsing · Chinakohl · Feldsalat · Rettich · Rotkohl · Grünkohl · Rosenkohl · Winterportulak · Asiasalate

GELAGERTE ERNTE

Im Frühwinter ist das Lager prall gefüllt. Gerade hast du noch eine große Auswahl an frischer Ernte direkt vom Beet holen können, jetzt sind viele Kulturen im Lager, die dir aktuell eine tolle Vielfalt ermöglichen.

Kartoffeln · Möhren · Kürbis · Rote Bete · Zwiebeln · Knoblauch · Wurzelpetersilie · Pastinaken · Knollensellerie

BEETPLANUNG

IM HOCHBEET

WIE DU IM KLEINEN HOCHBEET MEHR ERNTEN KANNST, ERFÄHRST DU IN DIESEM KAPITEL.

DAS BAUKASTENPRINZIP IM HOCHBEET

Selbst in kleinen Hochbeeten kannst du mit dem Baukastenprinzip deine Erntemenge maximieren und die Vielfalt erhöhen. Die einzelnen Baukästen und die potenzielle Erntemenge sind natürlich deutlich kleiner als in großen Beeten, die Prinzipien sind aber genau dieselben. Hier findest du vier Beispiele für Hochbeete mit den Maßen 120 x 80 cm inklusive Anbautipps.

DAS SALATHOCHBEET

Dieses Hochbeet kann dich das ganze Jahr über mit Salaten versorgen. Es ist in vier gleich große Baukästen aufgeteilt.

Wenn das deine erste Gartensaison nach diesem Plan ist, ist das Hochbeet im Frühjahr leer. Im nächsten Jahr stehen noch Asiasalat und Feldsalat, die du von Januar bis März beernten kannst. Anfang **Februar** startest du mit der Kopfsalatanzucht der Sorte 'Maikönig'. Ende des Monats wird der Pflücksalat 'Australische Gele' vorgezogen. Anfang **März** kannst du Babyleafsalate direkt auf dem Beet breitwürfig aussäen. Mitte März wird der Kopfsalat 'Maikönig' gepflanzt, und gleichzeitig steht auch die Anzucht vom Eissalat an. Im **April** kannst du die ersten Babyleafsalate ernten. Anfang des Monats wird der Pflücksalat 'Australische Gele' und Ende des Monats der Eissalat gepflanzt. Die Anzucht vom Miniromanasalat 'Gohar' steht Ende April an. Im **Mai** kannst du die letzten Blätter des Babyleafsalats, den Pflücksalat 'Australische Gele' und den Kopfsalat 'Maikönig' ernten. Mitte Mai ziehst du die nächste Fuhre des Romanasalats 'Gohar' vor, und Ende des Monats pflanzt du die erste Anzucht von Ende April ins Beet. Der Kopfsalat 'Maikönig', der Pflücksalat 'Australische Gele' sowie der Eissalat stehen dir dann im **Juni** zur Verfügung. Außerdem wird in diesem Monat die zweite Fuhre des Romanasalats gepflanzt und der Kopfsalat 'Pirat' sowie der Zuckerhut 'Virtus' vorgezogen. Im **Juli** gibt es nur

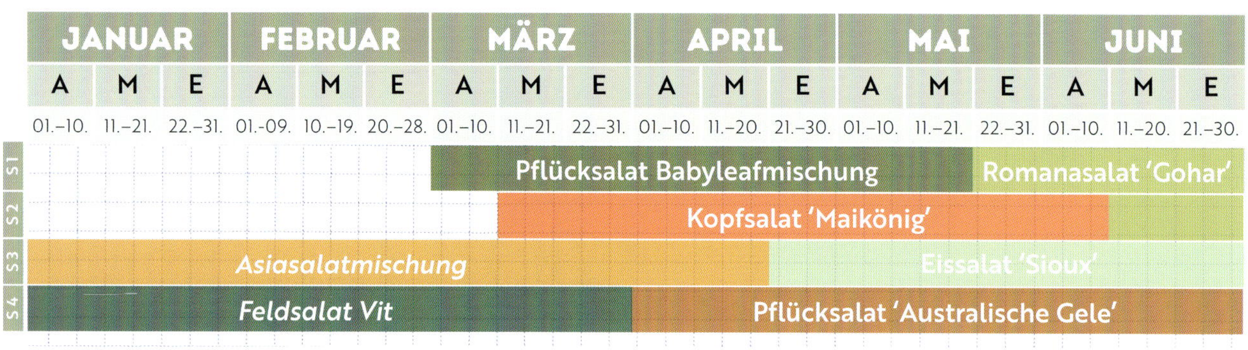

noch den Romanasalat zu ernten, gleichzeitig pflanzt du Zuckerhut und Kopfsalat und ziehst den Endiviensalat vor. Auch im **August** kann nur der hitzebeständige Romanasalat 'Gohar' geerntet werden. Gepflanzt wird Mitte des Monats der Endiviensalat. Die letzten Arbeiten stehen dann im **September** an. Gesät werden Anfang des Monats der Feldsalat und Ende des Monats eine Asiasalatmischung. Ernten kannst du den Kopfsalat 'Pirat'. Ab **Oktober** kannst du noch die letzten Salate ernten. Jetzt sind Endivien und Zuckerhut erntereif, die du auch noch den ganzen November hindurch beernten kannst. Ab **November** sind auch Asia- und Feldsalat erntereif, die dann zusammen mit dem Endiviensalat auch die Dezemberernte bilden. Der Feldsalat und die Asiasalatmischung können bis März/April geerntet werden.

DAS SALATHOCHBEET

Hochbeet mit 120 x 80 cm

S1, S2, S3 und S4:
30 x 80 cm

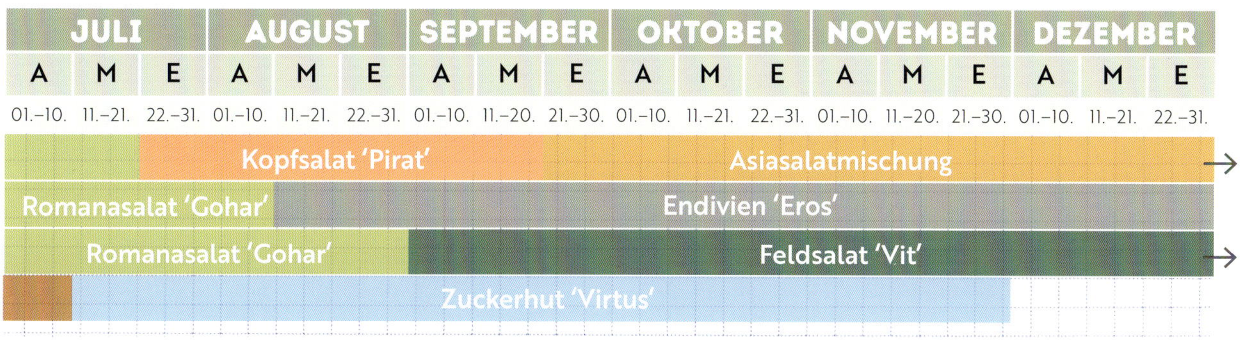

DAS NASCHHOCHBEET

In diesem Hochbeet liegt der Fokus auf Naschgemüse, also Gemüse, das du frisch geerntet einfach pur und roh genießen kannst. Das Naschhochbeet ist auch eine tolle Sache für Kinder. Das Beet wird unterteilt in sechs Baukästen, wobei zwei ein Maß von 20 x 80 cm haben (N1 und N2) und vier ein Maß von 40 x 40 cm (N3, N4, N5 und N6). Der Erntezeitraum beginnt Mitte April und reicht bis in den Dezember hinein.

Ende **Januar** startet die Arbeit für dieses Hochbeet mit der Anzucht der Snackpaprikasorte 'Hamik'. Ende **Februar** geht es weiter mit der Anzucht der Zuckererbse 'Delikata' und der Direktsaat des Spinats der Sorte 'Matador'. Im **März** hast du dann etwas mehr zu tun. Anfang März wird die Möhre gesät, Mitte März ziehst du die Hängetomate 'Himbeerrose' vor, und Ende März ist es an der Zeit, die Mexikanische Minigurke vorzuziehen. Anfang **April** pflanzt du die Zuckererbsen ins Hochbeet, und ab Mitte des Monats kannst du erste kleine Spinatblätter ernten. Die Spinaternte zieht sich dann bis Mitte **Mai**. Nach den Eisheiligen erntest du den Spinat komplett ab, damit Platz für die frostempfindlichen Gemüsesorten Paprika, Tomate und Mexikanische Minigurke gemacht wird. Pflanze die Tomate sowie die Mexikanische Minigurke an den Rand des Hochbeets. So können die Pflanzen über den Rand des Hochbeets hinauswachsen und benötigen im Beet deutlich weniger Platz als üblich. Um den Monatswechsel **Mai/Juni** kannst du dann auch schon die ersten Zuckererbsen ernten. Mitte **Juni** ziehst du den Kohlrabi 'Noriko' vor. Der **Juli** ist der beste Erntemonat in diesem Hochbeet, denn du kannst neben den letzten Erbsen auch schon Möhren ernten und gegen Ende Juli sogar schon

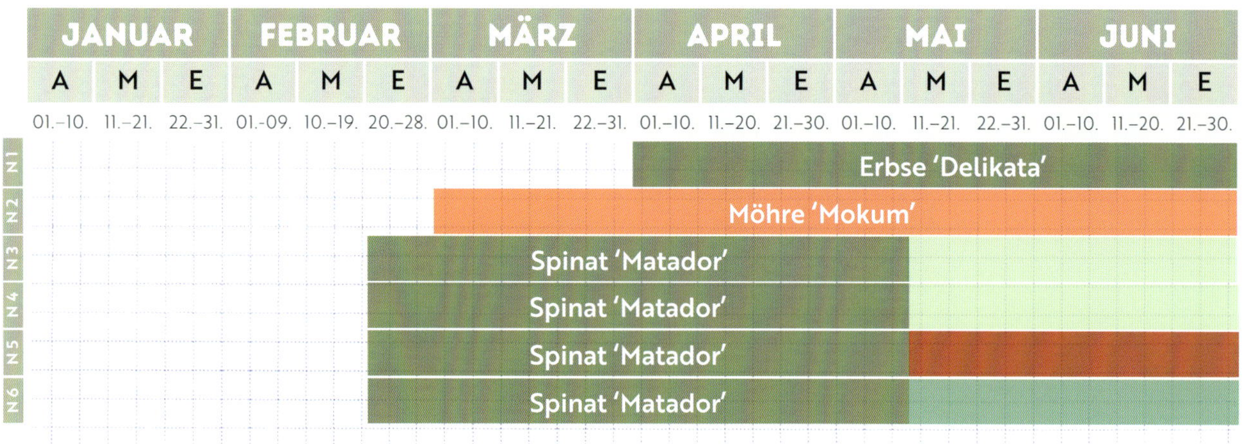

Tomaten, Paprika und Mexikanische Minigurken. Mitte des **Monats** entfernst du dann die Erbsenpflanzen und pflanzt den Mitte Juni vorgezogenen Kohlrabi an diese Stelle. Im **August** erntest du weiterhin das Fruchtgemüse. Anfang des Monats säst du die Herbstrübchensorte 'Plessis'. Auch im **September** kannst du noch das Fruchtgemüse beernten und gleichzeitig leckere Kohlrabis aus deinem Hochbeet holen. Sobald der Kohlrabi Mitte/Ende September abgeerntet ist, säst du hier als Nachkultur nochmal eine Reihe vom Spinat der Sorte 'Matador'. Ab Mitte **Oktober** kannst du dann Tomaten, Paprika und Gurke entfernen und auf das frei gewordene Stück Radieschen der Sorte 'Riesenbutter' säen, die du dann im **Dezember** beernten kannst.

DAS NASCHHOCHBEET

Hochbeet mit 120 x 80 cm

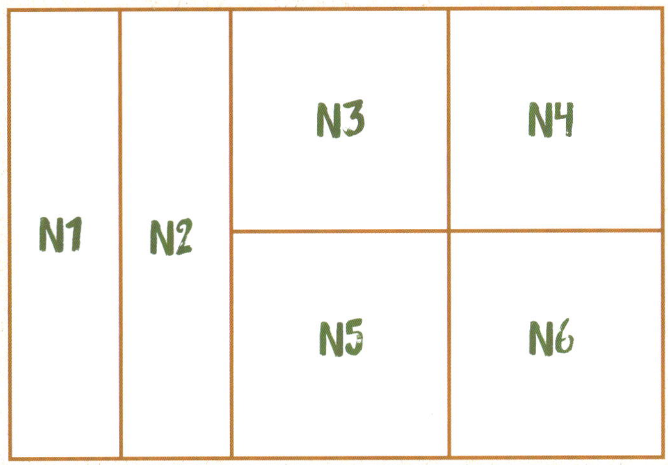

N1 und N2:
20 x 80 cm

N3, N4, N5 und N6:
40 x 40 cm

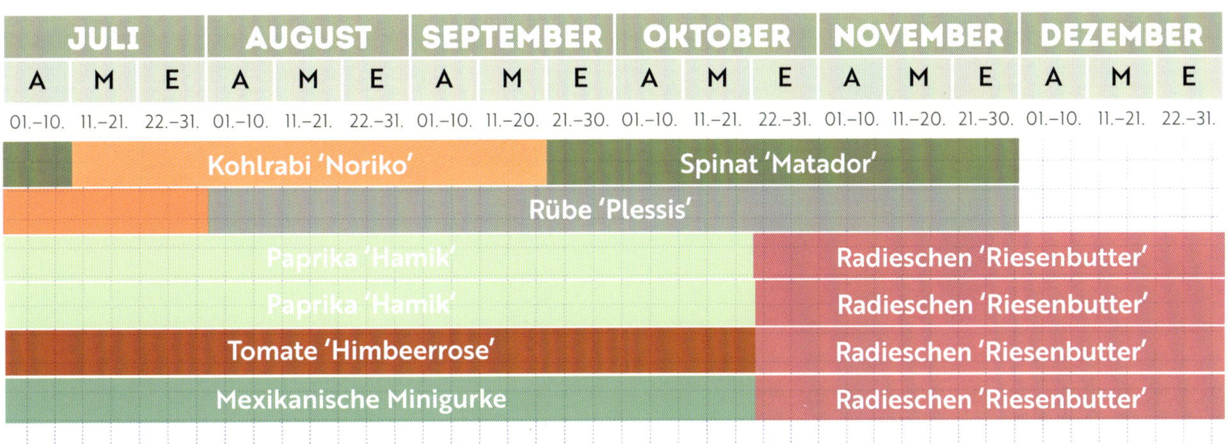

DAS WINTERHOCHBEET

Mit diesem Winterhochbeet hast du den ganzen Winter über frische Ernten und nur sehr wenig Arbeit. Du säst im Frühjahr, gießt im Sommer und erntest im Winter. Es besteht aus fünf Baukästen mit insgesamt vier Kulturen.

Wenn das dein erstes Jahr mit diesem Hochbeetplan ist, ist das Hochbeet Anfang des Jahres noch leer. Hast du den Plan bereits letztes Jahr angewendet, stehen hier noch sämtliche Kulturen aus dem letzten Jahr, die du **von Januar bis Februar** und teilweise noch bis in den März hinein beernten kannst. Anfang **März** werden die ersten zwei Kulturen gesät. Die Samen der Möhre 'Rote Riesen' und der Wurzelpetersilie 'Halblange' kommen in die Erde. Anfang **April** ist es dann Zeit für die Pastinake 'Gladiator' und den Mangold 'Feurio'. Den Mangold kannst du von **Juni bis März** ernten, die Pastinake von **September bis März**, die Wurzelpetersilie von **September bis Februar**, genauso auch die Möhren.

Außer gießen musst du den ganzen Sommer über nichts tun in diesem Hochbeet, hast aber den ganzen Winter über frische Ernten.

	JANUAR			FEBRUAR			MÄRZ			APRIL			MAI			JUNI		
	A	M	E	A	M	E	A	M	E	A	M	E	A	M	E	A	M	E
	01.–10.	11.–21.	22.–31.	01.–09.	10.–19.	20.–28.	01.–10.	11.–21.	22.–31.	01.–10.	11.–20.	21.–30.	01.–10.	11.–21.	22.–31.	01.–10.	11.–20.	21.–30.
N1	Möhre 'Rote Riesen'						Möhre 'Rote Riesen'											
N2	Wurzelpetersilie 'Halblange'						Möhre 'Rote Riesen'											
N3	Möhre 'Rote Riesen'						Wurzelpetersilie 'Halblange'											
N4	Mangold 'Feurio'									Pastinake 'Gladiator'								
N5	Pastinake 'Gladiator'									Mangold 'Feurio'								

DAS WINTERHOCHBEET

Hochbeet: 120 x 80 cm

W1, W2, W3:
20 x 80 cm

W4 und W5:
30 x 80 cm

JULI			AUGUST			SEPTEMBER			OKTOBER			NOVEMBER			DEZEMBER		
A	M	E	A	M	E	A	M	E	A	M	E	A	M	E	A	M	E
01.–10.	11.–21.	22.–31.	01.–10.	11.–21.	22.–31.	01.–10.	11.–20.	21.–30.	01.–10.	11.–21.	22.–31.	01.–10.	11.–20.	21.–30.	01.–10.	11.–21.	22.–31.
Möhre 'Rote Riesen'																	→
Möhre 'Rote Riesen'																	→
Wurzelpetersilie 'Halblange'																	→
Pastinake 'Gladiator'																	→
Mangold 'Feurio'																	→

DAS GRILLHOCHBEET

Bei der Planung des Grillhochbeets stehen hauptsächlich Sommerkulturen und Sorten im Fokus, die sich sehr gut grillen lassen. Im Frühling, Herbst und Winter sind die frei gewordenen Baukästen mit anderen Kulturen belegt, sodass das Hochbeet nie brachliegt. Außer im März gibt es jeden Monat etwas zu ernten. Aufgeteilt ist das Grillhochbeet in vier Baukästen.

Gärtnerst du das erste Jahr nach diesem Beetplan, ist das Hochbeet Anfang des Jahres noch leer. Hast du bereits letztes Jahr das Hochbeet nach diesem Plan bepflanzt, stehen **im Januar und Februar** noch Feldsalat und Winterportulak aus dem letzten Jahr auf dem Beet und können beerntet werden. Mit der Arbeit für dieses Beet geht es Ende **Januar** los. Jetzt ist es Zeit, die Aubergine 'Kaberi' und die Paprika 'Zsuzsanna' vorzuziehen. 'Zsuzsanna' ist eine sogenannte Tomatenpaprika, die sich gerade zum Grillen sehr gut eignet. Weiter geht es Ende **Februar** mit der Direktaussaat von Radieschen der Sorte 'Saxa' und Spinat der Sorte 'Matador'. Im **März** werden Babyleafsalate gesät, die du schon im **April** beernten kannst. Ebenfalls im April stehen dann die ersten Ernten bei den Radieschen und beim Spinat an. Der Zuckermais 'Tatonka' und die runde Zucchini 'Floridor' werden Anfang **April** vorgezogen. Bis Mitte **Mai** solltest du Radieschen, Spinat und Babyleafsalate abgeerntet haben. Jetzt wird es Zeit, Zuckermais, Zucchini, Paprika und Aubergine zu pflanzen. Setze die Zucchinipflanze möglichst weit nach außen, damit die Blätter über den Rand des Hochbeets hängen können und die ausladend wachsende Pflanze nicht das gesamte Beet in Anspruch nimmt. Schon vier Wochen nach der Pflanzung, etwa Mitte **Juni**, beginnt der Ertrag der Zucchini. Auch im **Juli** kannst du regelmäßig Zucchini ernten, und Mitte des Monats sind dann auch die ersten Maiskolben reif. Ende Juli steht mit dem Endiviensalat 'Eros' die nächste Anzucht auf dem Programm. Der **August** ist nach diesem Plan der beste Erntemonat für das Grillhochbeet, passend also zur Hauptgrillsaison. Jetzt hast du Zucchini, Zuckermais, Auberginen und Paprikas als frische Ernten. Gegen Mitte/Ende des Monats ist der Zuckermais dann abgeerntet, und der Zucchiniertrag geht lang-

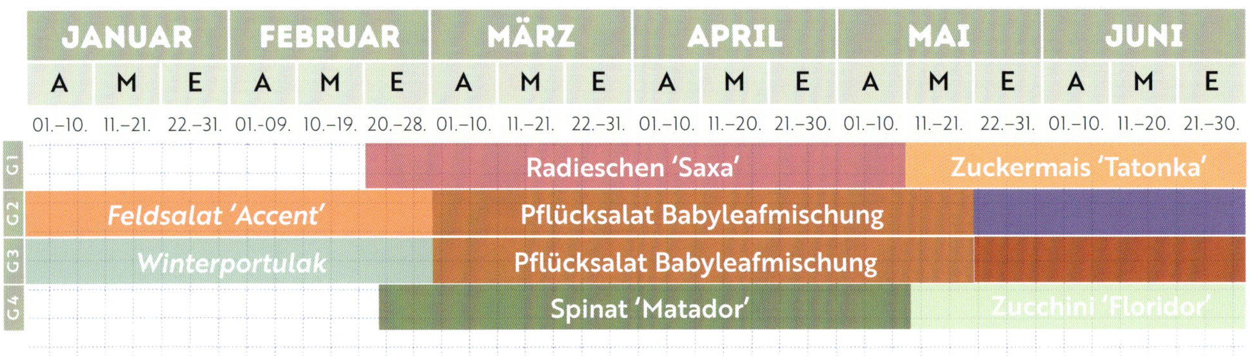

sam, aber sicher zurück. Jetzt wird es Zeit, diese Kulturen zu entfernen und Ende August den Endiviensalat zu pflanzen und erneut Babyleafsalat zu säen. Im **September** kannst du die ersten Babyleafsalate dann sogar schon ernten, und gleichzeitig sind Paprika und Aubergine im Ertrag. Auch im **Oktober** kannst du die leckeren Fruchtgemüse noch beernten und auch schon den ersten Endiviensalat. Mitte des Monats kommen meist die ersten Fröste, und es wird Zeit, die Paprika- und Auberginenpflanzen zu entfernen. Jetzt werden als Nachkultur der Feldsalat 'Accent' und Winterportulak gesät, die du im Januar und Februar beernten kannst. Auch im **November** kannst du noch Babyleafsalate ernten, ebenfalls den Endiviensalat. In warmen Jahren ist das sogar bis in den Dezember hinein noch möglich.

DAS GRILLHOCHBEET

Hochbeet: 120 x 80 cm

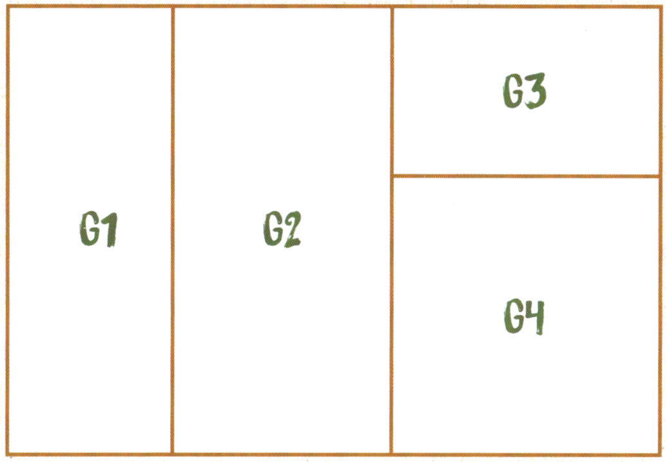

G1: 30 x 80 cm **G2:** 40 x 80 cm **G3:** 50 x 30 cm **G4:** 50 x 50 cm

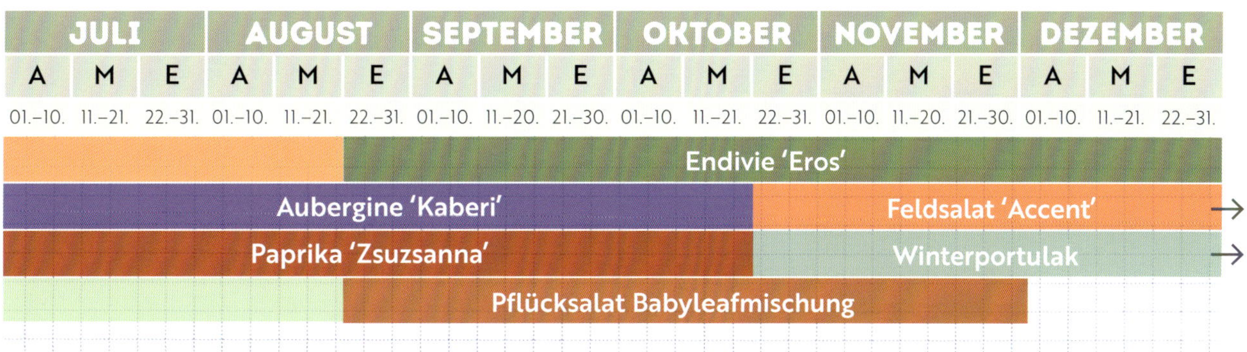

GEMÜSE-PORTRÄTS

HIER FINDEST DU FÜR JEDE GEMÜSEART ANBAUTIPPS UND DIE IDEALEN SORTEN FÜR JEDEN ANBAUZEITRAUM.

KOPFSALAT

Kopfsalat gedeiht am besten an sonnigen bis halbschattigen Standorten mit humusreichem Boden. Etwa einen Monat vor der Pflanzung wird in Anzuchterde ausgesät, die Keimung erfolgt bei 10–18 °C nach 7–14 Tagen. Gepflanzt wird je nach Sorte von Februar bis Mai und August bis Oktober, im Abstand von 30 x 30 cm. Zuvor sollte der Boden mit einer Schubkarre Kompost pro 4 m² Beetfläche versorgt werden. Bei der Pflanzung ist es wichtig, dass du darauf achtest, die Jungpflanzen nicht zu tief in die Erde zu setzen und du pro Pflanzloch noch einen Teelöffel Gemüsedünger dazugibst. Von der Pflanzung bis zur Ernte sollte das Beet nicht austrocknen, tägliches Gießen bei Trockenheit ist besonders in den warmen Monaten sehr wichtig. Sobald die Köpfe geschlossen und fest sind, ist es Zeit zu ernten.

KOPFSALATE FÜR DIE FRÜHJAHRSPFLANZUNG

SORTE	PFLANZUNG	ERNTE	BESONDERHEITEN
JOHN	E 02–M 03	M 04–A 05	grüne Sorte für die frühe Gewächshauspflanzung
MAIKÖNIG	A 03–E 03	M 05–A 06	schnell wachsend, grün, Butterkopfsalat, frosthart bis –12 °C
MERVEILLE DES QUATRE SAISONS	A 03–E 03	E 05–M 06	sehr große, kälte- und hitzebeständige rote Sorte
DYNAMITE	A 04–E 04	A 06–E 06	dunkelgrüne Sorte, widerstandsfähig gegen Salatblattläuse
PIRAT	E 04–M 05	M 06–A 07	relativ hitzebeständige, kleinere rote Sorte mit zarten Blättern

A = Anfang M = Mitte E = Ende GH = Gewächshaus

01 = Januar	04 = April	07 = Juli	10 = Oktober
02 = Februar	05 = Mai	08 = August	11 = November
03 = März	06 = Juni	09 = September	12 = Dezember

Nicht jede Kopfsalatsorte eignet sich für jeden Anbauzeitraum.

KOPFSALATE FÜR DIE SPÄTSOMMERPFLANZUNG

SORTE	PFLANZUNG	ERNTE	BESONDERHEITEN
ROXY	A 08–E 08	M 09–M 10	schossfeste rotgrüne Sorte, resistent gegen Mehltau
WUNDER VON STUTTGART	M 08–A 09	A 10–M 11	dichte, grüne Köpfe für die Herbsternte, schossfest

KOPFSALATE FÜR DIE HERBSTPFLANZUNG

SORTE	PFLANZUNG	ERNTE	BESONDERHEITEN
WINTERMARIE	A 09–M 10	M 03–A 05	kleine, rote Köpfe, für Überwinterung, Ernte im nächsten Frühling
NANSEN'S NOORDPOOL	A 09–M 10	M 03–A 05	grüne Sorte für Freilandüberwinterung, sehr frostbeständig

EIS- & BATAVIASALAT

Eis- und Bataviasalate zeichnen sich durch ihren erfrischenden Geschmack aus und eignen sich hervorragend für die Ernte im späten Frühling, Frühsommer und Herbst. Idealerweise gibst du ihnen einen Standort mit nahezu voller Sonne und einem humusreichen Boden, der viel Wasser speichern kann. Sie sind in der Regel hitzebeständiger als Kopfsalate und können somit etwas länger in den Sommer hinein geerntet werden, sind im Anbau aber nahezu identisch. Gerade bei den etwas größeren Sorten wie 'Sioux' oder 'Great Lakes' sollte der Pflanzabstand 40 x 40 cm betragen. Bei kleineren oder normalgroßen Sorten reicht ein Abstand von 30 x 30 cm aus. In den Sommermonaten empfiehlt sich bei sonnigem Wetter die Ernte frühmorgens, da um diese Tageszeit noch am meisten Feuchtigkeit in den Blättern vorhanden ist und die Köpfe so am knackigsten sind.

EISSALATE

SORTE	PFLANZUNG	ERNTE	BESONDERHEITEN
STYLIST	A 04–E 05 M 08–A 09	E 05–M 07 E 09–A 11	grüne Sorte mit kleinen Köpfen, schnell wachsend
LAIBACHER EIS	A 04–A 05	A 06–A 07	hellgrüne Sorte mit roten Flecken und gezackten Blättern
SIOUX	A 04–E 05 A 08–E 08	A 06–M 07 A 10–A 11	rote, große, sehr knackige Sorte
GREAT LAKES	A 04–E 05	A 06–E 07	sehr große, grüne Sorte, relativ schossfest

BATAVIASALATE

SORTE	PFLANZUNG	ERNTE	BESONDERHEITEN
TARENGO	M 03–M 05	A 06–M 07	rote Sorte, gekrauste Blätter, große Köpfe
LENY	M 04–A 06	M 06–E 07	große grüne Sorte, feste Blätter, schossfest

ROMANASALAT

Für den Anbau im Sommer eignen sich die Romanasalate besser als alle anderen Salate. Sie sind sehr schossfest und überstehen auch Temperaturen von weit über 30 °C ohne Probleme. Fast alle Sorten sind aber sensibel bei Kälte, deshalb solltest du die meisten Sorten nicht vor Mai pflanzen. Romanasalate haben einen schlanken, aufrechten Wuchs. Ihre Umblätter sind fest und knackig mit einem erfrischenden, eissalatähnlichen Geschmack. Die gelblichen Herzen hingegen sind sehr zart und schmecken nussig. Die Pflanzen sollten im Abstand von 30 x 30 cm an einem sonnigen Standort auf humosem Boden wachsen. Bei der Pflanzung kannst du je einen Teelöffel Gemüsedünger ins Pflanzloch geben, und bis zur Ernte solltest du bei Trockenheit täglich wässern, an besonders heißen Tagen auch zweimal täglich. Geerntet wird bei geschlossenen, festen Köpfen je nach Sorte vier bis acht Wochen nach der Pflanzung.

ROMANASALATE

SORTE	PFLANZUNG	ERNTE	BESONDERHEITEN
VALMAINE	A 04–E 05 A 08–M 08	E 05–M 07 M 10–A 11	kälteresistenter, aber weniger schossfest als andere Sorten
CORBANA	A 05–M 08	E 06–E 10	große, schossfeste grüne Sorte für den Sommeranbau

MINI-ROMANASALATE

SORTE	PFLANZUNG	ERNTE	BESONDERHEITEN
XANADU	E 04–A 09	A 06–M 11	schnell wachsend, frühe, längliche, grüne Salatherzen
MOONRED	A 05–E 08	M 06–E 10	rote, schossfeste Sorte mit kleinen länglichen Köpfen
GOHAR	A 05–E 08	M 06–E 10	schossfest bis fast 40 °C, rundliche, kleine Salatherzen

PFLÜCK- & SCHNITTSALAT

Während beim Kopfsalat der ganze Kopf geerntet wird, werden beim Pflück- und Schnittsalat einzelne Blätter abgezupft. Beim Pflücksalat werden die äußeren Blätter einer Pflanze abgepflückt oder -geschnitten, die Pflanze wächst dann von innen heraus nach. Beim Schnittsalat kannst du die Blätter, sobald sie groß genug sind, herunterschneiden, und die Pflanze treibt von unten neu aus.

Im Gewächshaus bescheren Pflück- und Schnittsalate eine der frühsten Ernten im Gartenjahr, und auch im Freiland kann vom Frühling bis in den Frühsommer geerntet werden. Ab dem Hochsommer gestaltet sich der Anbau aber aufgrund der hohen Temperaturen oft eher schwierig. Direkt nach der Ernte solltest du die Blätter in kühles Wasser legen, sonst welken sie sehr schnell. Hier empfiehlt sich ein Pflanzabstand von etwa 20 x 20 cm. Im Anbau werden diese Salate genauso behandelt wie Kopfsalat. Schnittsalate werden meist nicht vorgezogen und gepflanzt, sondern direkt in Reihen sehr dicht gesät. Die meisten Sorten können sowohl als Schnittsalat als auch als Pflücksalat angebaut werden. Die Mischung macht's.

Pflück- und Schnittsalate wachsen am besten im Frühling und Frühsommer.

PFLÜCKSALATE

SORTE	PFLANZUNG	ERNTE	BESONDERHEITEN
LOLLO ROSSA	A 03–A 04	M 04–M 06	rote, gekräuselte Blätter, leicht herb, kältetolerant
LOLLO BIONDA	A 03–A 04	M 04–M 06	grüne, gekräuselte Blätter, sehr früh, kältetolerant
AUSTRALISCHE GELE	A 04–E 04	A 05–A 07	gelbliche, große Blätter, toller Geschmack
AMERIKANISCHER BRAUNER	A 04–E 04	A 05–A 07	grünbraun gefleckte Blätter, buttriger Geschmack
HUSSARDE	A 04–E 04	A 05–A 07	rote, eichenlaubförmige Blätter, hitzebeständig
TILL	A 04–E 04	A 05–A 07	grüner Teufelsohrensalat, wunderschönes Laub

SCHNITTSALATE

SORTE	PFLANZUNG	ERNTE	BESONDERHEITEN
GRÜNER FRÜH-SCHNITTSALAT	E 02–A 04	M 04–M 06	frühe Freilandernte, dunkelgrüne Blätter
WITTE DUNSEL	M 03–M 04	E 04–E 06	alte, gelblich grüne Sorte, schnell wachsend
BABYLEAF-MISCHUNGEN	M 02–M 03 (GH) M 03–M 04	A 04–M 05 E 04–E 06	frühste Gewächshausernte, verschiedene Sorten

ENDIVIE & ZUCKERHUT

Endivien und Zuckerhut sind ideale Salate für die späte Ernte von September bis Dezember. Beide Salattypen haben viele Bitterstoffe und einen herben Geschmack. Milder wird der Salat, wenn du die geschnittenen Blätter nach dem Waschen noch für etwa 20 Minuten in lauwarmes Wasser legst mit einem Schuss Milch und einer Prise Salz. Gesät wird, wie bei allen anderen Salaten auch, in Anzuchterde etwa einen Monat vor der Pflanzung. Das Beet bereitest du mit Kompost vor und gibst in jedes Pflanzloch einen Teelöffel Gemüsedünger. Die vorgezogenen Pflänzchen setzt du in einem Abstand von 30 x 30 cm an einen sonnigen Standort und gießt sie anfangs täglich kräftig. Später im Jahr, meist ab Oktober, muss nur noch wenig gegossen werden, da der Boden kaum noch austrocknet. Endivien und Zuckerhut werden im Hoch- und Spätsommer gepflanzt und zeichnen sich durch eine gute Hitzebeständigkeit als Jungpflanze aus. Gleichzeitig vertragen sie, je nach Sorte, auch Fröste von –5 bis –8 °C, was eine Ernte bis in den Winter hinein möglich macht. Endivien werden in zwei unterschiedliche Typen eingeteilt. Der Wallonne-Typ hat gekrauste Blätter, ist sehr hitzetolerant, aber nicht ganz so frosthart. Sorten dieses Typs eignen sich hervorragend für frühere Pflanzungen. Der Escariol-Typ hat glatte Blätter, ist nicht ganz so hitzetolerant, verträgt aber stärkere Fröste. Sorten dieses Typs eignen sich daher am besten für spätere Pflanzungen.

ENDIVIEN

SORTE	PFLANZUNG	ERNTE	BESONDERHEITEN
MYRNA	E 06–M 08	A 09–E 10	Wallonne-Typ, sehr große Köpfe, schossfest
EROS	A 08–E 08	E 09–E 11	große grüne Sorte mit gelbem Herz, Escariol-Typ
BREEDBLAD VOLHART WINTER	M 08–M 09	M 10–M 01	sehr kältetolerant, lange Ernte bis in den Winter, Escariol-Typ

ZUCKERHUT

SORTE	PFLANZUNG	ERNTE	BESONDERHEITEN
VIRTUS	A 07–A 08	E 08–E 11	schossfeste, frühe Sorte mit langem Erntefenster
AUSLESE	E 07–A 08	M 09–E 11	dunkelgrüne Sorte für die Herbsternte, nicht ganz so schossfest

RADICCHIO

Radicchio ist ein Salat für die Sommer- und Herbsternte mit nussig herbem, leicht bitterem Geschmack. Vorziehen kannst du ihn von März bis Juli und entsprechend einen Monat später ins Freiland pflanzen. Da Radicchiosalate sehr schossfest sind und auch bei sehr warmen bis heißen Temperaturen nicht zum vorzeitigen Schießen neigen, kannst du den ganzen Sommer über ernten. Wichtig ist eine ausreichende Wasserversorgung, bei Trockenheit solltest du täglich wässern. Der ideale Standort ist sonnig bis halbschattig auf einem humusreichen Boden, der vor der Pflanzung mit Kompost versorgt wurde. Sobald der Kopf etwa acht bis zehn Wochen nach der Pflanzung fest und geschlossen ist, kann geerntet werden. Pflanzen für die Herbsternte können bis in den November hinein auf dem Beet stehen bleiben und nach und nach geerntet werden. Erst wenn starke Fröste drohen, sollten alle Salate abgeerntet sein. Es gibt einige empfehlenswerte Sorten, die sich aber alle für jeden Aussaatzeitraum von März bis Juni eignen.

RADICCHIO

SORTE	BESONDERHEITEN
INDIGO	große, dunkelrote , runde Köpfe, ertragssicher
PINTONE	längliche, schmale Köpfe, schossfest
VARIEGATA CASTELFRANCO DI LUISA	weißrot gesprenkelte Sorte, große, runde Köpfe

FELDSALAT

Botanisch gesehen zählt der Feldsalat gar nicht zu den Salaten, sondern zu den Baldriangewächsen. Er ist unter vielen Namen wie Acker-, Vogerl- oder Rapunzelsalat bekannt und kann mit der richtigen Sortenwahl über viele Monate geerntet werden. Gesät wird auf halbschattigen Beeten mit einem Reihenabstand von etwa 20 cm ab Ende Juli bis in den November hinein. Der Boden sollte humusreich und kalkhaltig sein. Bei einem pH-Wert von unter 6,5 solltest du vor der Aussaat etwas Kalk auf das Beet streuen. Ab der Saat sollte der Boden stets feucht gehalten werden. Feldsalat ist sehr frosthart und verträgt selbst Temperaturen von unter −20 °C ohne Probleme. Früh gesäte Sorten kannst du ab September, spät gesäte Sorten bis in den März hinein ernten. Ab April gehen die Pflanzen sehr schnell in Blüte, bis dahin solltest du alle Pflanzen geerntet haben. Neben der Direktsaat kannst du Feldsalat auch vorziehen und so schon im fortgeschrittenen Stadium auf die frei gewordenen Beete pflanzen.

FELDSALATE

SORTE	AUSSAAT	ERNTE	BESONDERHEITEN
HOLLÄNDISCHER BREITBLÄTTRIGER	E 07–E 08	M 09–E 10	sehr schossfeste, frühe Sorte, nicht sehr frosthart
JUWALLON	M 08–E 09	M 10–E 11	schnell wachsende Sorte für die Herbsternte, schossfest
VIT	A 09–E 09	A 11–E 02	frostharte Sorte, ideal für die Winterernte bis ins nächste Jahr hinein
ACCENT	A 10–E 11	A 02–E 03	Überwinterungssorte, Ernte im frühen Frühjahr

ASIASALAT

Asiasalate sind eine hervorragende Kultur für die Ernte von September bis Mai. Einige Sorten sind sehr scharf und pfeffrig, andere wiederum sind senfig bis mild. Es gibt sehr viele verschiedene Sorten, die sich zwar optisch und geschmacklich stark voneinander unterscheiden, im Anbau aber alle identisch sind. Gesät wird im Februar und März oder August bis Oktober entweder im Gewächshaus oder im Freiland auf einem halbschattigen Beet. Besondere Ansprüche an den Boden stellen Asiasalate nicht, sie gedeihen auf allen Gartenböden. Ein Reihenabstand von 30 cm ist ideal, in der Reihe wird dicht gesät. Der Wasserbedarf ist hoch, der Boden sollte von Aussaat bis Ernte nicht austrocknen. Bei Frühjahrssaaten kannst du ab April bis etwa Mitte Mai ernten, danach wird es den Pflanzen zu warm. Späte Aussaaten kannst du ab September beernten, sie bleiben bis ins nächste Jahr auf dem Beet. Selbst zweistellige Minusgrade sind kein Problem.

ASIASALATE

SORTE	BESONDERHEITEN
MIZUNA	gezackte, grüne Blätter, leichte Schärfe
MIBUNA	milde Sorte mit langen, dunkelgrünen Blättern
ROUGE METIS	senfige, dunkelrote Sorte, ein echter Hingucker
GOLDEN FRILLS	gelblich grüne Blätter, senfiger Geschmack
RED GIANT	große, rote Blätter, milder Geschmack
GREEN IN SNOW	kältetoleranteste Sorte bis -20 °C, grüne Blätter

SPINAT

Spinat ist ein schnell wachsendes Blattgemüse, das sich hervorragend als Vor-, Zwischen- oder Nachkultur eignet. Mit der richtigen Sortenwahl kannst du ihn das ganze Jahr über ernten. Im Anbau ist Spinat sehr unkompliziert, hat kaum Ansprüche an den Boden, benötigt keine Düngung und wächst schnell. Gesät wird je nach Sorte von Februar bis Oktober auf einem halbschattigen Beet. Die Samen kannst du entweder breitwürfig ausbringen und leicht einharken oder in etwa 2 cm tiefen Rillen mit 25 bis 30 cm Reihenabstand säen. Eine regelmäßige Wässerung bei Trockenheit ist entscheidend, der Boden darf von der Aussaat bis zur Ernte nie komplett austrocknen. Die Ernte beginnt etwa sechs Wochen nach der Aussaat und erstreckt sich über mehrere Wochen, so lange, bis die Pflanzen anfangen, Blüten zu bilden. Spinat ist nicht nur ein leckeres Gemüse, sondern auch eine hervorragende Gründüngung, wenn die Blätter abgemäht und zusammen mit den Wurzeln untergegraben werden. Der Anbau als Gründüngung eignet sich besonders vor oder nach einer starkzehrenden Kultur (siehe Seite 17).

SPINAT

SORTE	AUSSAAT	ERNTE	BESONDERHEITEN
CORVAIR	M 02–M 03 (GH) M 09–M 10 (GH)	A 04–M 05 E 02–A 05	schnell wachsende, kältetolerante Sorte, ideal für frühste Ernten
MATADOR	E 02–M 03 E 07–E 10	M 04–M 05 A 09–E 04	alte Sorte für den frühen und späten Freilandanbau, mag keine Hitze
LAZIO	E 02–E 04 A 08–M 10	M 04–M 06 M 09–E 04	ertragssicher, Ernte in Frühling, Frühsommer, Herbst und Winter
WINTERRIESEN	A 08–E 10	M 09–E 04	beste Sorte für Überwinterung, sehr große Blätter

MANGOLD

Der Mangold ist nicht nur ein tolles Gemüse, sondern hat im Gemüsegarten auch eine echte Zierwirkung. Seine farbigen Stiele und grünen Blätter sind ein Hingucker. Das Blattgemüse, das eng mit Roter Bete verwand ist, kann sowohl vorgezogen als auch direkt gesät werden. Die Pflanzen vertragen zwar im Herbst die ersten leichten Fröste sehr gut, aber besonders die jungen Pflanzen sind bei Kälte etwas empfindlich. Daher solltest du sie nicht vor Mai ins Freiland pflanzen. Wenn du Mangold vorziehen willst, säst du zwei Monate vor der Pflanzung von Mitte März bis Ende Mai in Anzuchterde und etwa 7 cm große Töpfe. Gepflanzt wird dann im Abstand von 30 x 30 cm. Die Direktsaat erfolgt von Ende April bis Anfang Juni in Reihen mit etwa 30 cm Abstand zueinander. Eine schwache Startdüngung mit Kompost oder Gemüsedünger tut den Pflanzen gut, ist aber nicht notwendig. Mangold gedeiht auf nahezu jedem Boden sowohl an sonnigen als auch an halbschattigen Standorten. Der Wasserbedarf ist mittel, bei Trockenheit reicht es, wenn du die Pflanzen alle zwei bis drei Tage kräftig gießt. Ab Juni kannst du einzelne Blätter ernten, die Pflanze produziert bis in den Oktober hinein regelmäßig neue. Sowohl die Blätter als auch die Stiele werden wie Spinat gekocht oder gedünstet. Es gibt viele verschiedene Sorten, die im Anbau aber alle identisch sind. Bisher konnte ich keine präferierte Anbauzeit für bestimmte Sorten feststellen.

MANGOLD

SORTE	BESONDERHEITEN
FEURIO	rote Stiele und dunkles Laub, sehr ertragreich, schönste Färbung im Herbst
PIROL	gelbe Sorte mit sehr dicken Stielen, neigt bei nasser Witterung zu Mehltau
WHITE SILVER	weiße Stiele und glänzend dunkelgrünes Laub, etwas kleiner als andere Sorten
LUCULLUS	gekraustes Laub, Blattmangold, nur wenig Stiel, sehr ertragreich, aber anfälliger für Blattläuse
BRIGHT LIGHTS	Mischung aus vielen verschiedenen Farben, ideal für Direktsaat, Farben im Herbst kräftiger

SONSTIGE BLATTGEMÜSE

POSTELEIN

Postelein, auch Winterportulak genannt, ist eine tolle Nachkultur im Freiland und Gewächshaus. Gesät wird von September bis Februar breitwürfig auf die frei gewordenen Beete. Winterportulak keimt erst, wenn die Temperaturen unter 12 °C sinken und wächst den ganzen Winter über. Geerntet wird von November bis April. Die fleischigen Blätter schmecken ähnlich wie Feldsalat.

RAUKE

Rauke ist eine sehr unkomplizierte Vor- oder Nachkultur, die von September bis Mai geerntet werden kann. Frühjahrsaussaaten von Februar bis April kannst du im April und Mai ernten, danach gehen die Pflanzen in Blüte. Bei Aussaat nach dem Sommer erstreckt sich die Ernte über den ganzen Winter. Neben der sehr intensiven wilden Rauke, die auch als Rucola bekannt ist, gibt es auch die Salatrauke mit größeren und milderen Blättern.

RÜBSTIEL

Rübstiel, auch Stielmus genannt, ist eine Form der Mairübchen, die aber weniger Wurzeln bildet, dafür wohlschmeckende Blätter und Stiele. Im Anbau ist Rübstiel identisch mit Asiasalat und schmeckt auch ähnlich. Die Blätter kannst du als Salat essen, die Stiele eignen sich hervorragend zum Kochen.

NEUSEELÄNDER SPINAT

Auch wenn es der Name vermuten lässt, Neuseeländer Spinat ist gar kein Spinat, er kann aber in der Küche genauso verwendet werden. Anders als der echte Spinat verträgt er keinen Frost, kommt dafür aber besser mit Hitze zurecht. Entweder du ziehst ihn ab Ende März vor und pflanzt ihn Mitte Mai oder du säst ihn ab Anfang Mai direkt ins Beet. Die Pflanzen wachsen ausladend und bilden lange Triebe. Pro Quadratmeter sollten nicht mehr als drei Pflanzen wachsen. Geerntet wird ab Juli bis zum Frost.

Postelein versorgt dich den ganzen Winter über mit frischem Grün.

KOHLRABI

Kohlrabi ist nicht nur sehr gesund, sondern auch einfach anzubauen. Mit verschiedenen Sorten und gestaffeltem Anbau ist eine Ernte von Mai bis Dezember möglich. Vier bis sechs Wochen vor der geplanten Pflanzung wird Kohlrabi in Anzuchterde vorgezogen. Wie bei allen Kohlpflanzen erfolgt die Keimung recht schnell nach fünf bis zehn Tagen. Gepflanzt wird mit 30 x 30 cm Abstand auf ein sonniges Beet. Eine Startdüngung mit Kompost und Hornspänen sorgt für ein starkes Wachstum der Pflanzen.

Kohlrabi speichert Wasser in seinen Knollen. Wenn nach längerer Trockenheit plötzlich viel Regen fällt, können die Knollen aufplatzen. Eine tägliche, gleichmäßige Wässerung ist daher empfehlenswert. Alle zwei Wochen sollte mit flüssigem Gemüsedünger oder Brennnesseljauche nachgedüngt werden. Bei den meisten Sorten wird geerntet, sobald die Knollen etwa 400 bis 600 g schwer sind.

KOHLRABI

SORTE	PFLANZUNG	ERNTE	BESONDERHEITEN
KREF	E 02–M 03 (GH) A 03–E 03	A 05–E 05 E 05–M 06	frühste Sorte für Freiland und Gewächshaus
BLARO	M 03–E 04	A 06–M 07	violette Sorte mit großen Knollen, für die Frühjahrspflanzung
NORIKO	M 03–A 09	A 06–E 11	sehr zarter Kohlrabi für die Sommer- und Herbsternte
SUPER-SCHMELZ	A 04–E 05	A 09–E 12	riesige Sorte, die bis zu 10 kg schwer werden kann
KONAN	M 05–E 07	M 07–E 09	schossfeste, weiße Sommersorte mit zarten Knollen

GH = Gewächshaus

WEISSKRAUT

Unterschieden wird Weißkraut in **Spitzkohl** und **Weißkohl**, die in Anbau und Pflege nahezu identisch sind. Der kleinere Spitzkohl kann durch eine kürzere Anbauzeit früher geerntet werden. Vier bis sechs Wochen vor der Pflanzung wird in Anzuchterde gesät, die Samen keimen nach etwa einer Woche. Gepflanzt werden Spitz- und Weißkohlpflanzen im Abstand von 50 x 50 cm auf ein möglichst sonniges Beet. Als Starkzehrer benötigen Kohlpflanzen sehr viele Nährstoffe. Das Beet solltest du vor der Pflanzung mit Kompost oder Pferdedungpellets und Hornspänen düngen und bei der Pflanzung in jedes Pflanzloch einen Teelöffel Gemüsedünger geben. In Regionen mit hohem Vorkommen von Kohlweißlingen ist das Abdecken mit einem Gemüseschutznetz zu empfehlen. Etwa alle zwei Wochen solltest du nachdüngen und bei Trockenheit alle ein bis drei Tage kräftig wässern.

SPITZKOHL

SORTE	PFLANZUNG	ERNTE	BESONDERHEITEN
EXPRESS	A 03–E 04	E 05–E 07	schnell wachsende, frühste Sorte, kälteresistent
CARAFLEX	A 05–E 08	M 07–E 11	hitzeresistente Sorte für die Sommer- und Herbsternte
FILDERKRAUT	A 05–E 05	M 09–E 11	große Köpfe, lange Entwicklungszeit, tolle alte Sorte für Sauerkraut

WEISSKOHL

SORTE	PFLANZUNG	ERNTE	BESONDERHEITEN
DERBY DAY	A 03–E 04	M 05–E 06	sehr frühe Sorte mit nur 60 Tagen Entwicklungszeit
SUNTA	A 04–A 08	A 06–E 11	schnell wachsend, schossfest, kleine 1,5 kg schwere Köpfe
KILATON	A 04–A 06	A 08–E 11	kohlhernieresistent, mittelgroße Köpfe, etwa 3 bis 4 kg schwer
BRAUN-SCHWEIGER	A 04–A 06	A 09–E 12	große Sorte, gut lagerfähig, kann lange auf dem Beet bleiben

ROTKOHL

Rotkohl, auch Rot- oder Blaukraut genannt, ist ein klassisches Herbst- und Wintergemüse, aber auch im Sommer kann schon geerntet werden. Neben runden Köpfen gibt es beim Rotkohl auch einige Sorten mit spitzen Köpfen. Wie bei anderen Kohlarten auch wird vier bis sechs Wochen vor der Pflanzung in Anzuchterde gesät. Auf dem Beet sollten die Pflanzen im Abstand von 50 x 50 cm gepflanzt werden. Auch Rotkohl benötigt viele Nährstoffe und bevorzugt deshalb ein mit Kompost oder Pferdedungpellets und Hornspänen gedüngtes Beet an einem sonnigen Standort. Wasser brauchen sie bei Trockenheit alle ein bis drei Tage. Die meisten Sorten haben eine lange Reifezeit und werden ab September geerntet, können aber bis lange in den Winter auf dem Beet stehen bleiben. Temperaturen bis zu −8 °C sind für die Köpfe kein Problem, allerdings solltest du sie nur bei frostfreier Witterung ernten.

ROTKOHL

SORTE	PFLANZUNG	ERNTE	BESONDERHEITEN
TINTY	A 04–A 08	M 06–M 11	Spitzrotkohl, schnelles Wachstum, hitze- und kälteresistent
ROODKOP	A 04–E 05	A 09–E 12	große, runde Köpfe, kann lange auf dem Beet stehen bleiben
KALIBOS	A 04–E 05	A 09–E 12	mittelgroße, leicht spitze Köpfe, milder Geschmack
LODERO	M 05–E 06	M 09–E 12	kohlhernieresistente, große Sorte, lagerfähig und gut zur Weiterverwertung

WIRSING

Wirsing ist der Kopfkohl mit der längsten Ernteperiode. Mit den richtigen Sorten zur richtigen Zeit und gestaffeltem Anbau ist fast eine ganzjährige Ernte möglich. Der Anbau ist identisch mit anderen Kopfkohlarten wie Weiß- oder Rotkohl. Der Pflanzabstand beträgt 50x50cm, als Startdüngung nimmst du Kompost und Hornspäne, und etwa alle zwei Wochen düngst du mit Brennnesseljauche oder flüssigem Gemüsedünger nach. Sommersorten sind als Jungpflanze kälteresistent und als Kopf hitzebeständig. Herbstsorten vertragen leichte Fröste, und Winter- und Frühjahrssorten sind sehr frosthart und können den ganzen Winter über auf dem Beet bleiben. Sobald die Köpfe geschlossen und fest sind, ist es Zeit zu ernten.

WIRSING FÜR DIE SOMMERERNTE

SORTE	PFLANZUNG	ERNTE	BESONDERHEITEN
VORBOTE	A 03–M 05	A 06–M 08	sehr schnell wachsend, frühste Sorte, kleine Köpfe, kälteresistent
GOLDVITAL	A 04–E 05	M 07–A 09	Butterkohl, gelbgrünes Laub, schossfeste Sommersorte

WIRSING FÜR DIE SPÄTSOMMER- UND HERBSTERNTE

SORTE	PFLANZUNG	ERNTE	BESONDERHEITEN
WIROSA	M 05–E 05	E 08–E 10	große Köpfe, ertragssichere Sorte, gut lagerfähig
GROSSE TUGENDEN	M 05–E 05	A 09–E 10	sehr große Sorte für die Herbsternte, hält leichte Fröste aus

WIRSING FÜR DIE WINTER- UND FRÜHJAHRSERNTE

SORTE	PFLANZUNG	ERNTE	BESONDERHEITEN
WINTERFÜRST	M 05–M 08	A 11–E 04	winterhärteste Sorte, kann bis ins Frühjahr auf dem Beet bleiben
VIOLACEO DI VERONA	A 06–E 06	A 10–E 12	rote Sorte, sehr frosthart, ideal für Winterernte

Mit gestaffeltem Anbau und der richtigen Sortenwahl kannst du Wirsing fast das ganze Jahr über ernten.

CHINAKOHL

Der Chinakohl gehört zu den einfachsten Kohlarten in der Kultivierung. Pflanzen kannst du ihn grundsätzlich von Anfang März bis Ende August, jedoch besteht im Sommer, bei Pflanzung zwischen Mitte April und Mitte Juni, eine deutlich höhere Gefahr, dass die Pflanzen frühzeitig in Blüte gehen und keine schönen Köpfe bilden. Die sicherste Pflanzzeit ist etwa von Ende Juli bis Mitte August. Vier Wochen nach der Aussaat wird auf ein sonniges bis halbschattiges Beet mit humusreicher Erde mit einem Abstand von 50x50 cm gepflanzt. Dünge das Beet vorher mit Hornspänen, Pferdedungpellets und verteile auch etwas Kalk. Besonders in den ersten Wochen ist eine tägliche Wässerung entscheidend, der Boden sollte nie austrocknen. Chinakohl sollte während des Wachstums zwei- bis dreimal flüssig nachgedüngt werden. Geerntet wird zwischen Anfang Mai und Mitte Dezember. Zwischen Pflanzung und Ernte vergehen meist nicht mehr als zwei Monate. Sobald starke Fröste von unter –7 °C zu erwarten sind, sollten alle Pflanzen abgeerntet werden. Da bei Chinakohl die höchste Gefahr für einen Kohlherniebefall besteht, empfehlen sich Sorten, die resistent gegen diese Bodenkrankheit sind.

CHINAKOHL

SORTE	PFLANZUNG	ERNTE	BESONDERHEITEN
KILAKIN	A 03–E 08	A 05–M 12	große Köpfe, schossfest, kohlhernieresistent
EMIKO	A 03–E 08	M 05–M 12	schossfeste, ertragssichere Sorte, kohlhernieresistent
SCARVITA	A 07–E 08	M 08–M 12	violette Sorte, schossfest, nussiger Geschmack
AUSLESE	E 07–M 08	A 10–M 12	mittegroße Sorte für die Herbsternte, nicht sehr schossfest

PAK CHOI

Dieses asiatische Gemüse ist auch als Senfkohl bekannt. Pak Choi eignet sich in unserem Klima besonders für die Ernte im Frühling, Herbst und Winter. Im Sommer ist es ihm hierzulande meistens zu warm. Vorgezogen wird in Anzuchterde vier Wochen vor der Pflanzung. Die Jungpflanzen können ab Ende Februar ins Gewächshaus und je nach Witterung Anfang bis Mitte März ins Freiland. Ein besonders früher Anbau lohnt sich, denn Pak Choi gehört bei früher Pflanzung zu den ersten Ernten der Saison. Pak Choi kann sehr groß werden, verliert dann aber an Qualität. Für die besonders zarten, jung geernteten Pflanzen reicht ein Pflanzabstand von 30 x 30 cm vollkommen aus, möchtest du die Pflanzen größer werden lassen, empfiehlt sich ein Abstand von etwa 40 x 40 cm. Bei früher Gewächshauspflanzung beginnt die Ernte schon um den Monatswechsel März/April. Späte Pflanzungen zwischen Ende Juli und Mitte September können meist bis kurz vor Weihnachten auf dem Beet stehen bleiben und müssen erst vor den ersten Starkfrösten ab etwa –8 °C abgeerntet werden.

PAK CHOI

SORTE	PFLANZUNG	ERNTE	BESONDERHEITEN
JOI CHOI	E 02–M 03 E 07–M 09	A 04–M 05 M 08–M 12	schnell wachsende Sorte, ertragssicher, blattreich
WHITE CELERY MUSTARD	A 08–A 09	A 09–M 12	wird etwas größer, mehr Stiel- als Blattmasse
TATSOI	E 02–E 03 A 08–M 09	E 03–M 05 E 08–M 12	Mini Pak Choi, frühste Ernte im Freiland und Gewächshaus

BLUMENKOHL

Blumenkohl ist eine recht komplizierte Kultur. Er stellt hohe Ansprüche an den Boden und ist ziemlich aufwendig in der Pflege. Die Aussaat erfolgt vier bis sechs Wochen vor der Pflanzung in Anzuchterde. Wie bei den meisten Kohlpflanzen sollte der Pflanzabstand im Beet etwa 50 x 50 cm betragen. Ein Gemüseschutznetz gegen Schädlingsfraß ist von Vorteil. Idealerweise gibst du den Pflanzen ein sonniges Beet mit nährstoffreicher Erde, die eine gute Wasserspeicherfähigkeit hat. Kompost, Rinder- oder Pferdedungpellets und Hornspäne geben den Jungpflanzen eine gute Startdüngung. Einmal vier Wochen nach der Pflanzung und einmal, sobald die Kopfbildung beginnt, solltest du kräftig nachdüngen. Neben den Nährstoffen hat Blumenkohl auch einen enormen Wasserbedarf. Wenn der Boden dauerhaft feucht ist und nicht austrocknet, bilden sich die schönsten Köpfe. Eine Tropfbewässerung ist daher perfekt. Wenn du mit der Kanne gießt, solltest du bei Trockenheit ein- bis zweimal täglich wässern. Ernten kannst du, sobald die Köpfe schön groß sind – je nach Sorte zwischen April und November.

BLUMENKOHL

SORTE	PFLANZUNG	ERNTE	BESONDERHEITEN
FRÜHERNTE	A 03–E 04	A 06–E 07	Sorte für frühsten Anbau, hitze- und kältebeständig
CLAPTON	A 05–E 06	E 07–M 10	große, ertragssichere Sorte, resistent gegen Kohlhernie
GRAFITTI	A 05–E 06	E 07–M 10	violette Köpfe für Sommer- und Herbsternte
VERONICA	A 06–M 07	E 08–A 11	Romanesco-Blumenkohl, ideal für Sommerpflanzung
HERBSTRIESEN	A 06–M 07	A 09–A 11	große Köpfe, kälteresistente Sorte für die Herbsternte
BALAK	E 07–E 08	M 04–E 05	Überwinterung auf dem Beet, Ernte im nächsten Frühjahr

BROKKOLI

Brokkoli gehört zu den eher schwierig zu kultivierenden Kohlarten, sein Anbau erfordert einiges an Fingerspitzengefühl. Vorgezogen wird vier bis sechs Wochen vor der Pflanzung. Je nach Sorte wird zwischen Anfang April und Ende Juli ins Freiland auf ein sonniges bis halbschattiges Beet gepflanzt mit einem Abstand von 50 x 50 cm. Das Beet solltest du vorher mit Kompost und Hornspänen versorgen und bei der Pflanzung einen Teelöffel Gemüsedünger in jedes Pflanzloch geben. Brokkoli kann von vielen Schädlingen befallen werden wie Kohlweißlingen, weißen Fliegen, Tauben oder Schnecken. Ein Gemüseschutznetz ist deshalb empfehlenswert. Nach der Pflanzung gilt es, den Boden nicht mehr austrocknen zu lassen und etwa alle zwei Wochen nachzudüngen. Vor allem im Sommer haben Brokkolipflanzen einen enorm hohen Wasserbedarf. Steht der Pflanze zu wenig Wasser zur Verfügung, geht sie verfrüht in Blüte und bildet keine schönen großen Köpfe. Die Gefahr des vorzeitigen Blühens besteht besonders ab dem Zeitpunkt, sobald sich die ersten kleinen Röschen in der Pflanzenmitte zeigen. Die Hauptrose erreicht ein Gewicht von bis zu 800 g. Diese solltest du zeitig ernten, um nicht zu riskieren, dass sie in Blüte geht. Die Pflanzen können nun entweder vom Beet entfernt werden, um wieder Platz für neue Kulturen zu schaffen, oder sie bleiben auf dem Beet stehen, dann bilden sie ein bis zwei Wochen später nochmals kleine Röschen an den Seitentrieben der Pflanze. Eine späte Pflanzung im Juli mit Ernte von September bis November ist ertragssicherer als eine Frühjahrspflanzung, weil um die Erntezeit die Tage deutlich kürzer und nicht mehr so heiß sind, was das frühzeitige Blühen unwahrscheinlicher macht.

BROKKOLI

SORTE	PFLANZUNG	ERNTE	BESONDERHEITEN
SUMMER PURPLE	A 04–E 05	A 06–A 08	violette Sorte, sehr schossfest, ideal für den Sommeranbau
CALABRESE NATALINO	A 06–E 07	A 08–M 10	mittelgroße, alte Sorte, relativ hitzebeständig
MARATHON	A 06–E 07	A 08–M 11	sehr groß, ertragssicher, beste Sorte für die Herbsternte

ROSENKOHL

Rosenkohl ist ein hervorragendes Wintergemüse, das relativ einfach anzubauen ist und über einen langen Zeitraum geerntet werden kann. Neben den klassischen Wintersorten gibt es auch einige Sorten, die schon im frühen Herbst erntereif sind. Sechs Wochen vor der Pflanzung wird Rosenkohl in Anzuchterde gesät. Gepflanzt wird im Abstand von 50 x 70 cm auf ein sonniges Beet, das vor der Pflanzung mit Kompost und Hornspänen gedüngt wird. Während der frühen Wachstumsphase im Sommer benötigen die Rosenkohlpflanzen viel Wasser und sollten alle zwei Tage gegossen werden. Ab dem Herbst genügt häufig eine wöchentliche Wässerung. Alle zwei bis drei Wochen empfiehlt sich eine flüssige Nachdüngung. Sobald die Pflanzen etwa einen Meter hoch sind, kannst du den Trieb oben abknicken. So geht die Kraft in die schon vorhandenen Rosen und nicht mehr in das Wachstum der Pflanze. Rosenkohl benötigt, anders als oft behauptet, keinen Frost, um einen guten Geschmack zu entwickeln. Der Geschmack wird nur immer besser, je länger er steht, aber unabhängig von den Temperaturen. Spätestens Ende Februar solltest du alle Rosenkohlpflanzen abgeerntet haben, da sich ab dann der Geschmack zu verschlechtern beginnt.

ROSENKOHL

SORTE	PFLANZUNG	ERNTE	BESONDERHEITEN
CRISPUS	A 04–E 05	M 09–E 11	sehr schossfeste Sorte, frühe Ernte, kohlhernieresistent
ROODNERF	M 05–E 06	A 10–E 12	ertragssichere Sorte mit großen Rosen, nur frosthart bis –10 °C
RUBINE	M 05–M 06	A 11–M 01	violette Sorte für Herbst- und Winterernte
GRONINGER	A 06–M 07	A 11–E 02	winterhärteste Sorte, Ernte bis ins nächste Jahr, sehr ertragreich

GRÜN- & PALMKOHL

Grünkohl ist ein klassisches Wintergemüse. Seine Blätter sind stark gekraust und von hell-, dunkelgrüner oder roter Farbe. Anders als Rosenkohl kann Grünkohl erst nach dem ersten Frost geerntet werden, meistens ab Mitte Oktober. Im Anbau ist der **Palmkohl**, auch Schwarzkohl genannt, nahezu identisch. Er hat hingegen glatte, längliche, dunkelgrüne Blätter. Außerdem kann er schon vor dem ersten Frost beerntet werden. In der Anzucht sind die beiden Kohlarten identisch mit anderen Kohlarten. Du pflanzt sie im Abstand von 50 x 50 cm auf ein sonniges bis halbschattiges Beet mit humusreichem Boden. Vor der Pflanzung solltest du am besten mit Hornspänen und Kompost düngen. Eine flüssige Nachdüngung mit Brennnesseljauche alle zwei Wochen ist empfehlenswert.

GRÜNKOHL

SORTE	PFLANZUNG	ERNTE	BESONDERHEITEN
ALTMÄRKER BRAUNKOHL	M 05–E 06	M 10–E 02	unterschiedlich gefärbtes Laub, schossfest
HOHER ROTER KRAUSER	M 05–A 07	M 10–E 02	rote Sorte, sehr schossfest, geringer Wasserbedarf
WINNETOU	A 06–E 06	M 10–E 02	ertragssichere Sorte, schossfest, sehr frosthart
WESTERLÄNDER WINTER	E 06–E 08	A 11–E 03	späteste Sorte, die bis ins nächste Frühjahr beerntet werden kann

PALMKOHL

SORTE	PFLANZUNG	ERNTE	BESONDERHEITEN
NERO DI TOSCANA	M 05–A 07	M 08–M 12	weit verbreitete Palmkohlsorte, hoher Wuchs
BLACK MAGIC	M 05–A 07	M 08–M 12	wird nicht ganz so hoch, sehr ertragssicher

TOMATE

Tomaten dürfen in keinem Nutzgarten fehlen, bei kaum einer anderen Kultur ist der Geschmacksunterschied zwischen selbst geernteten und gekauften Früchten so groß. Im März säst du die Tomaten in Anzuchterde und etwa zwei Wochen nach der Keimung, sobald sich die ersten Laubblätter bilden, setzt du sie einzeln in etwa 9 cm große Töpfe mit Gemüse- oder Tomatenerde. Hierbei sollten sie etwas tiefer gepflanzt werden, dadurch stehen sie stabiler, und entlang des Stängels, der nun unter der Erde liegt, bilden sich zusätzliche Wurzeln aus. Ab Ende April solltest du die Jungpflanzen etwa einmal wöchentlich flüssig nachdüngen. Mitte Mai, nach den Eisheiligen, kannst du die Tomaten dann im Abstand von mindestens 60 bis 80 cm pflanzen. Da fast alle Sorten empfindlich auf Nässe reagieren, ist eine Überdachung oder ein Gewächshaus empfehlenswert. Die Pflanzen kannst du entweder an Pfählen anbinden oder an Spiralstangen oder Kordeln hochwickeln. Den Boden solltest du mit Urgesteinsmehl düngen. Sehr stickstoffhaltige Dünger solltest du eher vermeiden, da Tomaten sonst anfälliger für die Frucht- und Blütenendfäule sind. Auch für die flüssige Nachdüngung, die alle ein bis zwei Wochen erfolgen sollte, empfiehlt sich ein spezieller Tomatendünger, dessen Zusammensetzung genau auf die Bedürfnisse der Tomaten angepasst ist. Anfangs benötigen die Pflanzen sehr viel Wasser, im Mai und Juni gießt du sie am besten alle zwei Tage, das steigert die Blüten- und Fruchtbildung. Ab Ende Juni kannst du das Gießen dann schrittweise reduzieren, bis ab Ende Juli nur noch einmal pro Woche gegossen wird, das verbessert den Geschmack der Früchte. Einmal wöchentlich sollten dann alle Seitentriebe der Pflanzen entfernt werden. Die Ernte erstreckt sich von Ende Juni bis zum ersten Frost im Oktober. Die Sortenvielfalt ist riesig, mehrere Tausend Sorten sind bekannt.

ROTE TOMATEN

SORTE	BESONDERHEITEN
PHILOVITA	Kirschtomate, beste Freilandsorte, enormer Ertrag, bis zu 10 kg pro Pflanze möglich
ELFIN	längliche Kirschtomate mit Spitze, fruchtiger Geschmack, resistent, gut fürs Freiland
VENUS-BRÜSTCHEN	dunkelrote Sorte mit langer Spitze, toller, fruchtiger Geschmack, aber geringer Ertrag
SPRITE	buschig wachsende Datteltomate, erfrischender Geschmack, muss nicht ausgegeizt werden
PHILONA	Salattomate bis 120 g schwer, sehr gut fürs Freiland, klassischer Tomatengeschmack
CAMPOS	sehr ertragreich im Gewächshaus, Früchte bis 150 g schwer, sehr saftig
PICOLINO	mittelgroße Cocktailtomate bis 50 g schwer, sehr hoher Ertrag, beste Sorte fürs Gewächshaus
ROTER KÜRBIS	riesige Früchte, plattrunde Fleischtomate bis 800 g schwer
REISETOMATE	ulkig geformte Frucht, bei der einzelne Zehen herausgebrochen werden können
ANDENHORN	markreiche, längliche Frucht, bis zu 300 g schwer, kernarm, sehr gut für Markherstellung
SAN MARZANO	italienische, längliche Kochtomate, beste Sorte für Tomatensoße
SOLEIL ROUGE	rote Eiertomate mit super süßem Geschmack, auch gut für Töpfe
HIMBEERROSE	hellrote Hängetomate, ideal für Hochbeete, Ampeln und Töpfe

'Philovita' ist die ertragssicherste Freilandsorte.

GELBE, WEISSE & ORANGEFARBENE TOMATEN

SORTE	BESONDERHEITEN
GALINAS	sehr frühe, gelbe Kirschtomate, Geschmack wird besser, je später es im Jahr wird
GOLDENE KÖNIGIN	gelbe Salattomate, sehr saftige Früchte, bis 200 g schwer, wenig Säure
YELLOW PEARSHAPED	kleine, gelbe, birnenförmige Tomate mit süßem Geschmack, sehr ertragreich
BROAD RIPPLE YELLOW CURRANT	gelbe Johannisbeertomate mit Hunderten winzigen Früchten, muss nicht ausgegeizt werden
SCHNEE-WITTCHEN	weiße Kirschtomate, süßer Geschmack, sehr ertragreich und ein echter Hingucker
WEISSER PFIRSICH	samtig behaarte, weiße Früchte bis 100 g, zartschmelzender, sehr süßer Geschmack
AURIGA	orange Salattomate, toller, fruchtiger Geschmack, gut für Freiland und Gewächshaus
SUNGOLD	sehr ertragreiche, orange Kirschtomate mit tollem Geschmack
ORANGE RUSSIAN	orange Ochsenherztomate, hervorragend für die Weiterverarbeitung

BRAUNE UND GRÜNE TOMATEN

SORTE	BESONDERHEITEN
BLACK CHERRY	braune Kirschtomate, sollte zwei- bis dreitriebig gezogen werden, toller Geschmack
TSCHERNIJ PRINZ	braune Fleischtomate mit süßem Geschmack, bis 400 g schwere Früchte
BLACK PLUM	pflaumengroße, braune Früchte mit sehr süßem, fruchtigem Geschmack
GREEN DOCTORS	grüne Cocktailtomate, sehr empfindlich bei Nässe, süßsaurer Geschmack
SMARAGD APFEL	große, grüne Fleischtomate, ertragreich, bis zu 500 g schwer

Grüne Tomaten bekommen bei Reife einen leicht gelblichen Stich.

MEHRFARBIGE TOMATEN

SORTE	BESONDERHEITEN
GREEN ZEBRA	gelbgrün gestreifte Salattomate, sehr empfindlich, toller süßsaurer Geschmack
TIGERELLA	rotgelb gestreifte Cocktailtomate, bis 50 g schwer, süßfruchtiger Geschmack
STRIPED ROMAN	rotgelb gestreifte, längliche Tomate, eine der hübschesten Sorten, tolle Soßentomate
LUCKY TIGER	super fruchtige, längliche Tomaten, 20 g schwer, braungrün gestreift
SUNRISE BUMBLEBEE	rotorange gestreifte, runde Kirschtomate, toller, süßer Geschmack
BLACK ZEBRA CHERRY	braungrün gestreifte Kirschtomate, feste Haut, toller Geschmack, meine absolute Lieblingssorte
BRAD'S ATOMIC GRAPE	wunderschöne Tomate, grüngelb gestreift, pflaumenförmig, feste Haut, toller Geschmack
FAHRENHEIT BLUES	blaue Sorte, die bei Reife teilweise rot wird, ein absoluter Hingucker mit fruchtigem Geschmack

Der Vielfalt sind bei Tomaten keine Grenzen gesetzt.

PAPRIKA & CHILI

Paprika und Chili sind im Anbau sehr ähnlich, sie wachsen sehr langsam und kommen erst spät in den Ertrag. Daher ist es ratsam, so früh wie möglich mit der Anzucht zu beginnen. Schon ab Anfang Januar kannst du in Anzuchterde aussäen. Wenn du so früh schon startest, solltest du die Pflanzen zweimal pikieren. Sobald sich das erste Blattpaar entwickelt hat, setzt du die Pflanzen in etwa 7 cm große Töpfe mit Gemüseerde. Etwa Anfang April ziehen sie erneut um in mindestens 10 cm große Töpfe mit Gemüseerde und einem Esslöffel Hornspäne. So haben die Pflanzen Mitte Mai, sobald du sie ins Freiland oder Gewächshaus pflanzt, schon eine ordentliche Größe. Sie benötigen ein sonniges Beet mit einem gut gedüngten Boden. In jedes Pflanzloch gibst du eine halbe Handvoll Tomatendünger und gießt alle ein bis drei Tage. Alle zwei Wochen solltest du nachdüngen. Paprikapflanzen brauchen etwas mehr Wasser als Chilis, die schärfer werden, je weniger Wasser sie bekommen. Bei jeder Pflanze solltest du die erste Blüte, die sogenannte Königsblüte, entfernen. Das erhöht den Ertrag. Bei früher Anzucht kannst du von Ende Juli bis Mitte Oktober ernten.

PAPRIKAS

SORTE	BESONDERHEITEN
BENDIGO	sehr große, süße, rote Blockpaprika
ATRIS	mittelgroße, rote Spitzpaprika, ertragreich
COLETTI	gelbe Blockpaprika, dickwandig, ertragreich
HAMIK	kleine Snackpaprika, orange, enorm ertragreich
MAVRAS	violette Blockpaprika, bei Reife rot, super süß
ZSUZSANNA	dickwandige, plattrunde, rote Sorte, sehr süß

CHILIS

SORTE	BESONDERHEITEN
KIL BIBER	sehr lange rote Sorte, mittelscharf, ertragreich
CRIOLLA SELLA	kleine Sorte, orange, etwas schärfer, ertragreich
HABANERO	super scharfe, unförmige rote Sorte

AUBERGINE

Auberginen, die auch als Eierfrucht bekannt sind, eignen sich sowohl für den Anbau im Gewächshaus als auch im Freiland. Ähnlich wie bei Paprika und Chili empfiehlt sich eine sehr frühe Anzucht im Januar oder Februar für einen möglichst frühen Erntebeginn im Juli. Die Vorgehensweise bei der Anzucht ist die gleiche wie bei Paprika und Chili, also auch hier solltest du zweimal pikieren. Ab Mitte Mai kannst du sie ins Freiland oder Gewächshaus pflanzen. Das Beet sollte vollsonnig sein und der Boden vor der Pflanzung mit Kompost aufgebessert werden. Nun gibst du in jedes Pflanzloch eine halbe Handvoll Tomatendünger und gießt gut an. Ab der Pflanzung solltest du die Auberginen alle zwei bis drei Tage wässern und alle zwei bis drei Wochen flüssig nachdüngen. Ab Juli, wenn die Früchte anfangen zu glänzen, kann geerntet werden. Die Auberginenpflanzen liefern regelmäßig neue Früchte bis zum ersten Frost.

AUBERGINEN

SORTE	BESONDERHEITEN
BLACK BEAUTY	mittelgroße, klassisch violette Aubergine
MONEY MAKER NO. 2	sehr lange, violette Freilandsorte, ertragssicher
KABERI	kleine Früchte, sehr ertragreiche Sorte
LUCILLA	mittelgroße, violettweiß gestreifte Sorte
WHITE EGG	kleine, weiße, runde Sorte, ideal für Kübel

Auberginen sind erntereif, sobald die Haut anfängt zu glänzen.

PHYSALIS

Physalis – Exoten und doch unkompliziert im Anbau.

Eine weitere sehr langsam wachsende Pflanze, bei der sich eine frühe Anzucht lohnt, ist die Physalis. In der Anzucht identisch wie Paprika und Chili wird sie Mitte Mai ins Freiland gepflanzt. Für einen Gewächshausanbau eignet sich die sehr ausladend wachsende Pflanze eher nicht. Das Beet sollte sonnig bis halbschattig sein und mit Kompost und Hornspänen gedüngt werden. Zwischen den Pflanzen sollte etwa 1 m Platz sein. Anfangs wachsen Physalispflanzen noch langsam, ab Juni ist das Wachstum aber enorm stark. Von Krankheiten und Schädlingen werden Physalispflanzen kaum befallen, und außer regelmäßigem Gießen alle zwei bis drei Tage und einer flüssigen Nachdüngung alle ein bis zwei Wochen machen die Pflanzen keine Arbeit. Ab September reifen die Lampions aus. Sobald die Hülle braun und trocken ist, sind die kleinen orangefarbenen Früchte erntereif. Vorm ersten Frost sollten alle reifen Früchte abgeerntet sein. Wenn du im nächsten Jahr früher und länger ernten willst, kannst du die Pflanzen im Herbst ausgraben und in einem Topf frostfrei überwintern, bevor du sie Mitte Mai wieder ins Beet setzt. Da der Ertrag im zweiten Jahr früher einsetzt und höher ist, kann so die Erntezeit deutlich verlängert werden.

PHYSALIS

SORTE	BESONDERHEITEN
SCHÖN-BRUNNER GOLD	starkes Wachstum, mittelgroße, leckere Früchte
BEAS DICKE	schwachwüchsige Sorte, sehr große Früchte
HEITMANN	frühreife, kleine Früchte, mittlerer Wuchs

KÜRBIS

Kaum eine andere Pflanze hat ein schnelleres und üppigeres Wachstum als der Kürbis. Hat eine Kürbispflanze einmal richtig losgelegt, überwuchert sie schnell das ganze Beet. Anfang April ist der ideale Zeitpunkt, um Kürbispflanzen im Haus oder Gewächshaus vorzuziehen. Du säst am besten in Gemüseerde und etwa 7 cm große Töpfe. Wenn du in Anzuchterde säen möchtest, solltest du Ende April und Anfang Mai flüssig nachdüngen. Die Keimung erfolgt nach etwas mehr als einer Woche. Mitte Mai kommen die Jungpflanzen dann ins Freiland. Das Beet sollte möglichst sonnig und mit Kompost, Mist und Hornspänen gedüngt sein. Kürbispflanzen haben einen sehr hohen Nährstoffbedarf, eine flüssige Nachdüngung alle ein bis zwei Wochen empfiehlt sich. Anfangs solltest du noch alle ein bis zwei Tage gießen, ab Mitte Juni genügen dann ein bis zwei Wässerungen pro Woche. Ernten kannst du je nach Sorte zwischen Anfang August und Mitte Oktober, sobald der Stiel, also die Stelle zwischen Frucht und Pflanze, verholzt ist. Es gibt eine riesige Sortenauswahl und auch dementsprechend verschiedene Erntezeiträume.

KÜRBISSE

SORTE	ERNTE	BESONDERHEITEN
HOKKAIDO	A 08–M 10	klassischer Speisekürbis, 2 bis 3 kg schwer, sehr lange lagerfähig bis März
PYZA	A 08–M 09	gelber Spaghettikürbis, Fruchtfleisch wird fädrig beim Kochen wie Spaghetti
TIANA	A 09–M 10	enorm ertragreicher Butternutkürbis, bildet erst spät Blüten aus, lagerbar
WALTHAM BUTTERNUT	A 09–M 10	länglicher, ertragreicher Butternutkürbis, toller Geschmack
GELBER ZENTNER	E 09–M 10	gelber Riesenkürbis, 15 bis 30 kg schwer, guter Speisekürbis
ATLANTIC GIANT	E 09–M 10	Riesenkürbis, bis zu 50 kg Fruchtgewicht, braucht viel Wasser
MUSCADE DE PROVENCE	E 09–M 10	Muskatkürbis, enorm ertragreiche Sorte, bis zu 25 kg schwer

ZUCCHINI

Zucchinipflanzen bringen enorm hohe Erträge auf kleiner Fläche. Pro Quadratmeter können gut und gerne 10 bis 20 kg zusammenkommen. Am liebsten wachsen sie an einem sonnigen Standort mit einem nähstoffreichen Boden, den du mit Kompost und Hornspänen vorbereiten kannst. Eine flüssige Nachdüngung alle zwei Wochen ist empfehlenswert. Die wärmeliebenden Pflanzen kannst du von Anfang April bis Anfang Juni vorziehen und nach den Eisheiligen jeweils etwa sechs Wochen später pflanzen. Bei Anzucht Anfang April und Pflanzung Mitte Mai tragen Zucchini von Mitte Juni bis Mitte August sehr gut. Danach lässt der Ertrag nach. Die Pflanzen können stehen bleiben und weitertragen, für die Erntemenge und die Beetnutzung ist es aber besser, sie zu entfernen, um wieder Platz für neue Kulturen zu haben. Wer so vorgehen möchte, sollte neben der klassischen Anbauzeit auch Anfang Juni noch einmal Zucchini säen, die dann Mitte Juli auf ein Beet gepflanzt werden, das zu diesem Zeitpunkt frei ist. Diese Pflanzen werden dann von Anfang August bis Mitte Oktober kräftig tragen. Die Zucchini sollten zwei- bis dreimal pro Woche beerntet werden, 20 cm ist eine ideale Erntegröße. Werden die Früchte größer, lässt die Qualität deutlich nach.

ZUCCHINI

SORTE	BESONDERHEITEN
DEFENDER	grüne, längliche Sorte, enorm ertragreich
BLACK BEAUTY	dunkelgrüne Sorte, fast schwarz, große Früchte
COUCOURZELLE	gestreifte Sorte, ideal für späten Anbau
SATELITE	grüne, runde Sorte, zum Füllen geeignet
SOLEIL	längliche, gelbe Sorte, bester Geschmack
FLORIDOR	runde, gelbe Sorte, toller Geschmack
ISMALIA	weißliche Sorte, sehr gut für späten Anbau

GURKE

Gurken können grob in drei Kategorien unterteilt werden. Die **Landgurken** wachsen mehrtriebig, ähnlich wie Kürbispflanzen, auf dem Boden und bringen mittellange Früchte mit meist unebener Schale hervor. **Einlegegurken** kannst du genauso anbauen wie Landgurken, oder du gibst ihnen ein Rankgitter. Sie werden in kleinem Zustand geerntet und eingelegt. **Gewächshausgurken** haben eine glatte Schale und wachsen eintriebig im Gewächshaus, sie sind sehr ertragreich, aber anfälliger für Schädlinge. Die wärmeliebenden Pflanzen kannst du von März bis Juni vorziehen, und ab Mitte Mai dürfen sie ins Freiland auf ein sonniges Beet, das du mit Mist oder Kompost vorbereitet hast. Die Pflanzen brauchen etwa 50 cm Abstand zueinander. Gurken sind sehr sensibel. Kühle Nächte oder feuchte Witterung führen schnell zu Mehltau. Wenn du die Pflanzen abends gießt, bleibt die Feuchtigkeit die ganze Nacht an der Pflanze, das lässt die Gurken schnell bitter werden. Wässere sie besser in den frühen Morgenstunden, bei Trockenheit alle ein bis zwei Tage. Genau wie bei Zucchini empfiehlt sich eine zweite Aussaat im Juni für eine Verlängerung der Erntezeit. Geerntet wird im Gewächshaus ab Anfang Juni, im Freiland ab Ende Juni.

GURKEN

SORTE	BESONDERHEITEN
TANJA	bitterfreie, sehr ertragreiche Landgurke
JOHANNA	glattschalige, dunkelgrüne Landgurke
CHINESISCHE SCHLANGEN	unförmige, sehr große Sorte fürs Freiland
LEMON	Zitronengurke, runde, gelbe Früchte, erfrischend
DIAMANT	ertragreiche Einlegegurke, behaarte Schale
PICOLINO	kleine Gewächshausgurke, sehr hoher Ertrag
DOMINICA	ertragreiche Gewächshausgurke, bis 60 cm lang
MEXIKANISCHE MINIGURKE	winzige, eiförmige Gurke, säuerlich, ideal für Hochbeete

MELONE

Die wärmeliebenden Melonen können auch bei uns in Deutschland angebaut und geerntet werden, dabei sind Zuckermelonen genauso gut anzubauen wie Wassermelonen. Vorziehen kannst du sie im März und April am besten im Haus oder beheizten Gewächshaus. Die Temperaturen sollten dabei nicht unter 7 °C fallen. Pflanzen kannst du ab Ende Mai ins Freiland auf ein vollsonniges Beet oder ab Mitte Mai ins Gewächshaus. Jede Pflanze sollte 1–2 m^2 Platz bekommen. Der Anbau an sich ist unkompliziert. Die Pflanzen sollten alle zwei bis drei Tage gegossen werden und etwa alle ein bis zwei Wochen eine flüssige Nachdüngung bekommen. In warmen Jahren können Melonen im Freiland sehr ertragreich sein, in kühlen Jahren ist eine Ernte aber keinesfalls sicher. Den richtigen Erntezeitpunkt abzupassen, ist nicht einfach. Sobald die Früchte nicht mehr wachsen, kannst du einen Klopftest machen. Dafür klopfst du sowohl am Stiel als auch in der Mitte der Frucht. Klingt der Ton an beiden Stellen gleich, ist die Melone erntereif.

WASSERMELONEN

SORTE	BESONDERHEITEN
RED STAR	rote Wassermelone, 3 bis 4 kg schwer, schnell wachsend, ertragreich
MINI LOVE	kleine, 1 bis 1,5 kg schwere Früchte, ertragssicher, wenige Kerne
JANOSIK	gelbe Wassermelone mit großen Früchten, ideal fürs Gewächshaus

ZUCKER- UND HONIGMELONEN

SORTE	BESONDERHEITEN
BEST JUMBO	sehr große Früchte, ertragreich, gute Freilandsorte
MURRMEL	kleine Früchte, etwa 500 g schwer, ertragssicher, sehr aromatisch
STELLIO	mittelgroße Sorte mit orangem Fruchtfleisch

MÖHRE

Bei Möhren ist die Erntezeit stark von der Sorte abhängig. Frühe, schnell wachsende Sorten können bereits im Juni geerntet werden, während späte Sorten bei gleichzeitiger Aussaat oft erst im Herbst erntereif sind. Mit verschiedenen Sorten ist eine frische Ernte von Anfang Juni bis in den Dezember hinein möglich. Lagersorten kannst du bis in den April in feuchtem Sand lagern, was dir eine etwa neun- bis zehnmonatige Selbstversorgung mit Möhren ermöglicht. Säen kannst du zwischen Februar und Juli auf ein sonniges bis halbschattiges Beet mit humusreichem, möglichst leichtem Boden, der mit Kompost versorgt sein sollte. Eine weitere Düngung ist nicht nötig. Die Reihen sollten etwa 20 cm voneinander entfernt sein. Da Möhren oft nicht gut keimen, solltest du sie dicht säen und drei bis vier Wochen nach der Keimung auf einen Abstand von 5 bis 10 cm in der Reihe vereinzeln. Während des Keimprozesses darf der Boden nicht austrocknen. Sobald die Pflanzen anfangen zu wachsen, ist eine Wässerung alle zwei bis drei Tage ausreichend. Da man Möhren oft nicht ansieht, wann sie erntereif sind, kannst du dich nach den Angaben auf der Saatguttüte richten.

MÖHREN FÜR DIE SOMMERERNTE

SORTE	AUSSAAT	ERNTE	BESONDERHEITEN
NANTAISE	M 02–A 07	A 06–E 11	sehr frühe Sorte, süßlicher Geschmack
MOKUM	M 02–E 03	E 06–E 07	süßliche, dünne, hellorange Möhre, frühe Ernte
NOMINATOR	M 02–E 03	A 08–E 08	tolle Sorte für den Spätsommer, mittelgroß

MÖHREN FÜR DIE HERBSTERNTE UND LAGERUNG

SORTE	AUSSAAT	ERNTE	BESONDERHEITEN
LANGE ROTE STUMPFE OHNE HERZ	M 02–E 03	A 09–E 11	sehr lange Sorte, beste Sorte für Direktverbrauch im Herbst
ROTE RIESEN	M 02–E 03	E 09–M 12	sehr große Sorte mit später Ernte, beste Lagersorte
OCHSENHERZ	M 02–E 03	A 10–M 12	alte Sorte, rundliche, große Möhre mit guter Lagerfähigkeit

KARTOFFEL

Kartoffeln dürfen in keinem Selbstversorgergarten fehlen. Frühste Sorten können schon im Juni geerntet werden, Lagersorten halten sich problemlos bis in den April. Obwohl sie viele Nährstoffe benötigen, ist ihr Anbau absolut unkompliziert. Anfang April bis Anfang Mai ist für alle Kartoffelsorten der ideale Zeitpunkt, um in die Erde zu kommen. Wenn du besonders früh ernten willst, solltest du die Frühkartoffeln vorkeimen lassen und so früh wie möglich in die Erde bringen. Wähle einen möglichst sonnigen Standort aus und bereite das Beet mit Kompost und Hornspänen vor. Die Knollen werden in einer Furche mit einem Reihenabstand von 50 cm und einem Abstand in der Reihe von 30 cm gesetzt und mit Erde bedeckt. Erst nach der Keimung ist die erste Wässerung nötig, ab dann solltest du alle drei bis vier Tage kräftig gießen. Zwei Wochen nach der Keimung ist es Zeit, die Kartoffeln anzuhäufeln. Hierfür kannst du die Erde zwischen den Reihen zum Beispiel mit einem Rechen an die Pflanzen heranziehen. Das Kartoffellaub kann bei Spätfrösten zurückfrieren, treibt aber schnell wieder aus. Frühkartoffeln können schon beerntet werden, während das Laub noch aufrecht steht. Sie sollten aber erst dann komplett abgeerntet werden, wenn das Laub beginnt zu fallen. Spätere Sorten sind erntereif, sobald das Laub welkt und umfällt. Große Knollen lassen sich besser lagern als kleine, deshalb ist es bei der Lagerung ratsam, erst die kleineren Knollen zu verbrauchen. Am besten lagerst du Kartoffeln frostfrei, dunkel und kühl.

FRÜHE BIS MITTELFRÜHE KARTOFFELN

SORTE	REIFETAGE	BESONDERHEITEN
COLOMBA	80 bis 100 Tage	vorwiegend festkochend, frühste Sorte, sehr hoher Ertrag
ROSARA	90 bis 110 Tage	vorwiegend festkochend, ertragssichere Frühkartoffel, rote Schale
ALTESSE	90 bis 120 Tage	festkochende Frühkartoffel, hervorragender Geschmack, mittlerer Ertrag
SIEGLINDE	110 bis 130 Tage	festkochend, eine der besten Salatkartoffeln, alte Sorte, weiße Blüte
SARPO UNA	110 bis 130 Tage	vorwiegend festkochend, weißes Fleisch, rote Schale, guter Geschmack, ertragssicher
GUNDA	110 bis 130 Tage	mehligkochend, hoher Wasserbedarf, lange lagerfähig, guter Geschmack

MITTELSPÄTE BIS SPÄTE KARTOFFELN

SORTE	REIFETAGE	BESONDERHEITEN
LAURA	120 bis 140 Tage	vorwiegend festkochend, rote Sorte mit tollem Geschmack, sehr anfällig für die Krautfäule
GRANOLA	130 bis 150 Tage	vorwiegend festkochend, geschmacklich hervorragende Kartoffel, sehr ertragreich
LINDA	130 bis 150 Tage	festkochend, eine der besten Kartoffelsorten, guter Geschmack, sehr ertragreich
ADRETTA	130 bis 150 Tage	mehligkochend, hoher Wasserbedarf, alte Sorte aus der DDR
VIOLETTA	130 bis 150 Tage	festkochend, violette Haut und violettes Fruchtfleisch, sehr gesunde Sorte
SETANTA	150 bis 170 Tage	mehligkochend, enorm ertragreich, resistent gegen Pilzkrankheiten, große Knollen, beste Breikartoffel
BAMBERGER HÖRNCHEN	150 bis 170 Tage	festkochend, längliche, hörnchenförmige, sehr alte Sorte, niedriger Ertrag
SARPO MIRA	150 bis 170 Tage	vorwiegend festkochend, ertragssicherste Sorte, resistent gegen Pilzkrankheiten, gute Lagerfähigkeit

RADIESCHEN

Radieschen sind ein sehr schnell wachsendes Gemüse, das von der Aussaat bis zur Ernte nur vier bis acht Wochen auf dem Beet steht. Ihre Ansprüche an den Boden sind sehr gering, eine Düngung ist nicht nur nicht notwendig, sondern sollte grundsätzlich vermieden werden. Einen frisch gedüngten Boden mögen Radieschen gar nicht, sonst schießen sie nur ins Laub und bilden keine schönen Wurzeln. Der ideale Standort richtet sich nach der Aussaatzeit. Während bei Frühlings- und Herbstsaaten ein eher sonniger Standort gewählt werden sollte, bevorzugen Radieschen im Sommer ein eher schattiges Beet. Säen kannst du von Februar bis Oktober mit einem Reihenabstand von 10 bis 20 cm. In der Reihe solltest du zwischen den Samen einen Abstand von etwa 5 cm lassen, so können sich die Wurzeln ideal entwickeln. Der Wasserbedarf ist sehr hoch, der Boden sollte nicht austrocknen, sonst werden die Radieschen vor allem im Sommer schnell holzig oder schießen in Blüte. Durch ihre kurze Kulturdauer eignen sich Radieschen hervorragend als Vor-, Nach- oder Zwischenkultur. Die Sortenauswahl ist riesig, es gibt viele verschiedene Farben, Formen und Geschmacksrichtungen. Die meisten Sorten eignen sich besonders für Frühjahr und Herbst, einige sind aber auch speziell für den Sommeranbau geeignet.

Am besten wachsen Radieschen bei mir im Spätsommer und Herbst.

RADIESCHEN

SORTE	AUSSAAT	ERNTE	BESONDERHEITEN
SAXA	M 02–M 04	A 04–E 05	sehr frühe, klassisch rote, runde Sorte, milder Geschmack
FLAMBOYANT	M 02–M 04	M 04–E 05	längliches, hellrotes Radieschen mit weißer Spitze
POLONEZA	M 02–M 04	M 04–E 05	runde, rote Sorte mit weißer Spitze, sehr frosthart
EISZAPFEN	M 02–M 04	M 04–E 05	längliche, spitze, weiße Sorte, perfekt fürs Gewächshaus
ALBENA	M 02–M 04 M 08–M 09	M 04–E 05 M 09–E 10	weiße Sorte, milder Geschmack, für Frühjahr und Herbst
VIOLA	M 02–M 04 M 08–M 09	M 04–E 05 M 09–E 10	violette Sorte, gut fürs Gewächshaus, kräftiger Geschmack
ZLATA	M 02–M 04 M 08–M 09	M 04–E 05 M 09–E 10	scharfe, gelbe Sorte mit sehr hohem Wasserbedarf
MISTRAL	E 04–E 05 A 07–M 08	E 05–E 06 A 08–E 09	längliche, dunkelrote Sorte mit weißer Spitze, sehr schossfest
RIESENBUTTER	M 05–E 10 E 09–M 10 (GH)	M 06–M 12 E 12–M 02	schossfeste, große Sorte, die bis in den Winter geerntet wird

RETTICH

Rettiche und Radieschen sind geschmacklich sehr ähnlich, wobei Radieschen oft etwas milder und Rettiche eher würziger und schärfer sind. Aussäen kannst du je nach Sorte zwischen Februar und August auf einem sonnigen bis halbschattigen Beet. Der Reihenabstand sollte 20 bis 30 cm betragen, und in der Reihe zwischen den Samenkörnern lässt du am besten einen Abstand von 10 bis 15 cm. Der Wasserbedarf ist sehr hoch, besonders in den Sommermonaten solltest du bei Trockenheit täglich wässern. Je weniger Wasser die Rettiche bekommen, desto schärfer werden sie. Zwar solltest du den Boden vor der Aussaat genau wie bei Radieschen nicht düngen, jedoch freuen sich die Rettiche etwa einen Monat nach der Keimung über eine kleine flüssige Düngung. Erntereif sind die Rettiche meist etwa acht bis zehn Wochen nach der Aussaat. Sommerrettiche sollten schnell geerntet werden, Winterrettiche hingegen können den ganzen Winter über auf dem Beet bleiben und nach und nach geerntet werden. Wenn du also möglichst lange eigenen Rettich ernten willst, solltest du im Frühjahr und Sommer alle zwei Wochen nachsäen, aber nie viel auf einmal, und im Spätsommer eine größere Menge für die Ernte im Herbst und Winter.

RETTICHE FÜR DIE FRÜHJAHRS- UND FRÜHSOMMERERNTE

SORTE	AUSSAAT	ERNTE	BESONDERHEITEN
OSTERGRUSS	M 02–E 03	M 04–E 05	kleiner, hellroter Rettich, sehr frühe Sorte
REX	A 04–E 04	A 06–E 06	weißer, langer Rettich, sehr hoher Wasserbedarf

RETTICHE FÜR DIE SOMMERERNTE

SORTE	AUSSAAT	ERNTE	BESONDERHEITEN
MÜNCHNER BIER	A 05–E 07	A 07–M 10	alte bayerische Sorte, festfleischig, würziger Geschmack
NEPTUN	A 05–E 07	A 07–M 10	schossfeste Sommersorte, hitzebeständig

RETTICHE FÜR DIE HERBST- UND WINTERERNTE

SORTE	AUSSAAT	ERNTE	BESONDERHEITEN
MINO EARLY	E 07–E 08	E 09–E 02	sehr lange Sorte, bis zu 60 cm, frosthart bis −15 °C
RUNDER SCHWARZER WINTER	E 07–E 08	M 10–E 02	schwarzer, runder Rettich, frosthart bis zu −20 °C, sehr zart

Je mehr du Rettiche gießt, desto milder werden sie im Geschmack.

RÜBEN

Bei Rüben unterscheidet man im Gemüsegarten grob drei verschiedene Arten. **Mairüben** werden im zeitigen Frühjahr gesät und von April bis Juni geerntet. Sie halten Tiefsttemperaturen von bis zu –8 °C aus. **Herbstrüben** werden im Spätsommer gesät und im Herbst geerntet, sie sind häufig größer als Mairübchen, aber nicht ganz so zart. Die großen **Kohlrüben**, auch Steckrüben genannt, werden im Mai und Juni gesät, im Herbst geerntet und lassen sich den ganzen Winter über sehr gut lagern. Während Mai- und Herbstrüben keine Düngung benötigen, solltest du Kohlrüben während der Wachstumsphase zwei- bis dreimal flüssig nachdüngen. Säen kannst du mit einem Reihenabstand von etwa 30 cm auf ein sonniges bis halbschattiges Beet. In der Reihe sollten die Pflanzen etwa 15 bis 20 cm auseinander stehen. Der Wasserbedarf ist hoch, je mehr du wässerst, desto zarter und saftiger werden die Rüben. Für eine besonders frühe Ernte im April können Mairübchen auch im Januar vorgezogen und Ende Februar ins Gewächshaus gepflanzt werden.

RÜBEN FÜR DIE DIREKTSAAT

SORTE	AUSSAAT	ERNTE	BESONDERHEITEN
TOKYO TOP	E 02–A 04	A 05–A 06	kleine, weiße, sehr zarte Mairübe für frühe Ernte
WILHELMSBURGER	A 05–A 06	M 09–E 11	Steckrübe mit sehr kohligem Geschmack, lange lagerfähig
PLESSIS	E 07–E 08	A 09–E 11	plattrunde, rosaweiße Herbstrübe mit tollem Geschmack als Rohkost
SAMSON	E 07–M 08	A 10–E 11	große, längliche Herbstrübe, gut zum Kochen geeignet

RÜBEN ZUM VORZIEHEN

SORTE	AUSSAAT	PFLANZUNG	ERNTE	BESONDERHEITEN
MARKET EXPRESS	M 01–A 02	E 02–A 03 (GH)	E 04–E 05	weiße Mairübe, ideal fürs Gewächshaus

ROTE BETE

Rote Beten sind auch als Rote Rüben bekannt, aber mit anderen Rübenarten, die zu den Kreuzblütlern gehören, nicht verwandt. Die Sortenvielfalt bei Roter Bete ist enorm und reicht von den klassischen roten über gestreifte bis hin zu gelben Sorten. Trotz der großen Vielfalt gibt es kaum präferierte Anbauzeiten für bestimmte Sorten. Die meisten können von Anfang April bis Anfang Juli gesät werden. Wenn du so lange wie möglich ernten willst, solltest du in dieser Zeit alle drei bis vier Wochen nachsäen, so ist eine durchgehende Ernte von Anfang Juli bis in den November möglich. Säen kannst du in Reihen mit etwa 30 cm Abstand auf ein sonniges bis halbschattiges Beet. In der Reihe solltest du ziemlich dicht säen, da Rote Bete, anders als Rüben oder Rettich, nicht immer zuverlässig keimt. Etwa einen Monat nach der Aussaat sollten die Pflanzen, die zu dicht stehen, entfernt werden, sodass 10 bis 15 cm Platz zwischen den verbliebenen Pflanzen ist. Die herausgezogenen Pflänzchen kannst du als Salat zubereiten. Das Beet hast du im Idealfall schon im Herbst mit Kompost oder Mist versorgt. Eine ausreichende und gleichmäßige Wasserversorgung ist entscheidend. Im Herbst geerntete Rote Bete lässt sich in feuchtem Sand den ganzen Winter über lagern.

ROTE BETEN

SORTE	BESONDERHEITEN
ROTE KUGEL	klassische, rote, runde, mittelgroße Rote Bete, sehr dunkles und saftiges Fleisch, ideal zum Einlegen, gute Lagerfähigkeit
ÄGYPTISCHE PLATTRUNDE	plattrunde, eher kleine, rote Sorte, Fruchtfleisch mit hell- und dunkelroten Ringen, sehr schossfest, beste Sorte für frühen Anbau
TAUNUS	walzenförmige, sehr große Sorte, saftiges, dunkles Fruchtfleisch ohne Ringe, gut zum Einlegen und Lagern

BUNTE BETEN

SORTE	BESONDERHEITEN
CHIOGGIA	runde, mittelgroße Sorte, außen hellrot, innen Fruchtfleisch mit weißen und hellroten Ringen, zum Kochen und für Rohkost geeignet
AVALANCHE	weißliche, runde Sorte, mittelgroß, schnell wachsend, lässt sich nicht so gut lagern, tolle Sorte zum Rohessen
BOLDOR	große, gelbe Bete, außen orange, innen Fruchtfleisch mit hell- und dunkelgelben Ringen, beste Sorte für Rohkost, süßlicher Geschmack

PASTINAKE & WURZELPETERSILIE

Pastinaken und Wurzelpetersilie kannst du den ganzen Winter über in feuchtem Sand lagern.

Im Anbau sind Pastinaken und Wurzelpetersilie nahezu identisch. Säen kannst du zwischen Mitte März und Mitte April auf ein sonniges bis halbschattiges Beet mit lockerem, humusreichem Boden. Eine Düngung des Beets ist nicht notwendig, aber im Laufe des Wachstums solltest du ein- bis zweimal flüssig düngen. Der Reihenabstand sollte etwa 40 cm betragen. In der Reihe säst du zunächst dicht aus und zwei bis drei Wochen nach der Keimung vereinzelst du auf etwa 10 bis 15 cm. Da beide Arten eine sehr schwierige und lange Keimphase haben, empfiehlt es sich, die Samen 24 Stunden vor der Aussaat in abgekühlten Kamillentee zu legen. So kannst du die Keimquote erhöhen und die Keimdauer von über vier auf unter drei Wochen reduzieren. Ernten kannst du etwa ab Ende September bis in den November hinein. Leichte Fröste werden vertragen. Wenn die Temperaturen aber unter –5 °C sinken, sollten die Wurzeln abgeerntet sein. In leicht feuchtem Sand kannst du sie über den ganzen Winter lagern. Bei Wurzelpetersilie ist die Sortenvielfalt überschaubar, hier werden meist nur ein bis zwei Sorten angeboten. Bei Pastinaken ist die Sortenvielfalt etwas größer.

PASTINAKEN

SORTE	BESONDERHEITEN
HALBLANGE WEISSE	dicke Sorte, ertragssicher, gute Lagerfähigkeit
SUTTONS STUDENT	sehr frostharte Sorte, ideal für Halbernte
GLADIATOR	Neuzüchtung, ertragssicherste Sorte

STANGENBOHNE

Stangenbohnen wachsen sehr hoch, daher benötigen sie eine Rankhilfe. Du kannst zum Beispiel aus langen Ästen ein Tipi bauen oder ihnen ein großes Rankgitter geben. Der Fantasie sind hier keine Grenzen gesetzt, es muss nur gewährleistet sein, dass die Pflanzen etwa 3 m hoch wachsen können. Säen kannst du von Mitte Mai bis Mitte Juni auf ein sonniges bis halbschattiges Beet, das du vorher mit Gesteinsmehl gedüngt hast. Anders als Buschbohnen solltest du Stangenbohnen während des Wachstums ein- bis zweimal flüssig nachdüngen, da ihr Nährstoffbedarf etwas höher ist. Der Wasserbedarf ist genauso wie bei der Buschbohne (siehe S. 128), bei Trockenheit solltest du alle ein bis zwei Tage gießen. Ab Ende Juli kannst du die ersten Bohnen ernten. Die meisten Sorten werden 20 bis 30 cm lang. Neben den frischen Bohnen für Bohnengemüse oder Bohnensalat gibt es auch einige Sorten, die sich als Trockenbohnen eignen. Diese Sorten werden auch Prunk- oder Feuerbohnen genannt. Sie werden bis in den Herbst hinein an der Pflanze belassen und erst geerntet, wenn die Hülsen braun und trocken sind.

STANGENBOHNEN

SORTE	BESONDERHEITEN
MARKANT	sehr lange Sorte, ertragreich, resistent, fadenlos
NECKAR-KÖNIGIN	längste Sorte, dunkelgrün, ideal zum Einfrieren
LIMKA	flache Sorte mit 2 cm breiten Hülsen, sehr lecker
BLAUHILDE	alte Sorte, lila, enorm ertragreich, dunkles Laub
NECKARGOLD	fleischige, gelbe Sorte, bester Geschmack

FEUERBOHNEN

SORTE	BESONDERHEITEN
LADY DI	feuerrote Blüten, kräftiger Wuchs, ertragreich
SCARLET EMPEROR	ertragreich, Käferbohne, gesprenkelte Kerne
WEISSE RIESEN	weiße Kerne, flache Hülsen, wuchsstark

BUSCHBOHNE

Buschbohnen sind im Anbau sehr unkompliziert und bringen auch auf kleiner Fläche große Ernten. Mit gestaffeltem Anbau ist eine frische Ernte von Juli bis Oktober möglich, und die meisten Sorten lassen sich hervorragend einfrieren, was eine Selbstversorgung mit Bohnen aus dem eigenen Garten das ganze Jahr über möglich macht. Säen kannst du zwischen Mitte Mai und Ende Juli auf ein sonniges bis halbschattiges Beet, das du vor der Aussaat mit Gesteinsmehl gedüngt hast. Der Anbau kann sowohl in Reihen mit 40 bis 50 cm Abstand zueinander erfolgen als auch in Horsten mit 50 cm Abstand zum nächsten Horst. Ein Horst sind sechs bis acht Bohnen, die im Kreis ausgesät werden. Die Keimung erfolgt nach etwa ein bis drei Wochen, je wärmer es ist, desto schneller keimen die Bohnen. Zwei Wochen nach der Keimung solltest du die Reihen oder Horste anhäufeln. Der Wasserbedarf von Buschbohnen ist sehr hoch, bei Trockenheit brauchen sie alle ein bis zwei Tage Wasser. Ernten kannst du die Bohnen bei einer Größe von 10 bis 15 cm. Es ist ratsam, alle drei bis vier Tage durchzupflücken, damit die Bohnen nicht zu groß werden und an Qualität verlieren. Bei Aussaat Mitte Mai erstreckt sich die Ernte von Mitte Juli bis Anfang August. Möchtest du durchgehend ernten, solltest du also alle zwei bis vier Wochen nachsäen. Für eine besonders frühe Ernte kannst du Buschbohnen auch Ende April im Gewächshaus vorziehen und Mitte Mai pflanzen. So beginnt die Ernte schon zwei Wochen früher. Bei den meisten Sorten wachsen die Bohnen unterhalb der Blätter, es gibt aber auch einige Sorten vom sogenannten Gluckentyp, bei denen die Bohnen oberhalb der Blätter wachsen, was die Ernte erleichtert und in nassen Jahren dafür sorgt, dass die Bohnen nicht so schnell faulen. Trotz der großen Sortenvielfalt gibt es kaum Präferenzen für eine frühe oder späte Aussaat.

BUSCHBOHNEN

SORTE	BESONDERHEITEN
SAXA	hellgrüne, mittellange Sorte, fadenlos
DAVIS	sehr ertragreiche, grüne Sorte, lange Bohnen
MAXI	Gluckentyp, sehr lange, grüne Sorte, ertragreich, meine Lieblingssorte
NASSAU	flache, grüne Sorte mit langen Bohnen
VOLETTA	sehr ertragreiche, gelbe Wachsbohne
PURPLE TEEPEE	Gluckentyp, ertragreichste Sorte, violett

PUFFBOHNE

Auch wenn es der Name vermuten lässt, die Puffbohne, auch Saubohne oder Dicke Bohne genannt, ist gar keine Bohne, sondern eine Wicke. Dementsprechend unterscheidet sie sich auch in der Kultivierung von Busch- und Stangenbohnen. Da Puffbohnen kältetolerant sind und leichte Fröste vertragen, kannst du sie schon sehr früh im Jahr säen und ernten. Die Anzucht im Haus beginnt bereits Anfang Februar, gepflanzt wird dann von Mitte März bis Ende April und geerntet wird im Juni und Juli. Das sonnige bis halbschattige Beet solltest du zuvor mit Kompost versorgen. Eine weitere Düngung ist nicht nötig. Auf eine ausreichende Wasserversorgung, sprich tägliches Gießen, solltest du achten. Auch eine Direktsaat von Ende Februar bis Anfang April ist möglich, dabei beginnt die Ernte aber etwas später als bei vorheriger Anzucht. Zwischen den Pflanzen solltest du einen Abstand von 10 cm einhalten und einen Reihenabstand von etwa 50 cm. Da Puffbohnen knapp einen Meter hoch werden, empfiehlt sich ein Rankgerüst. Geerntet wird, sobald die Körner in der Hülse dick und sichtbar sind. Die Körner können direkt gekocht oder kurz blanchiert eingefroren werden.

Puffbohnen sind durch ihre Kälteresistenz eine der frühesten Freilandkulturen.

PUFFBOHNEN

SORTE	BESONDERHEITEN
PICCOLA	ertragssichere Sorte, lange Hülsen, grünkernig
HANGDOWN	grünkernige, ertragreiche Sorte, dicke Hülsen
DREIFACH WEISSE	weiße Kerne und Blüten, hochwachsende Sorte
PERLA	niedrig wachsende Sorte, sehr guter Geschmack

ERBSEN

Erbsen stellen keine besonderen Ansprüche an den Boden und gedeihen sowohl an sonnigen als auch an halbschattigen Standorten, allerdings haben sie einen recht hohen Wasserbedarf. Fröste bis zu −8 °C werden vertragen, und mittlerweile gibt es auch einige Neuzüchtungen, die dank ihrer Hitzebeständigkeit den ganzen Sommer über geerntet werden können. Eine Direktsaat ab Anfang April ist möglich, aber für eine möglichst kurze Beetbelegung und eine frühe Ernte empfiehlt sich die Anzucht ab Februar mit Pflanzung ab April. Die meisten Erbsen benötigen eine Rankhilfe und werden etwa 1 m hoch. Der Anbau erfolgt am besten in Doppelreihen um das Gerüst herum. Zwischen den Pflanzen solltest du einen Abstand von etwa 10 cm einhalten. Es gibt drei verschiedene Erbsenarten. Die **Markerbse** ist die klassische grüne Erbse, die Schoten werden prall voll, und ihre Körner eignen sich hervorragend zum Einfrieren und Kochen. Die **Zuckererbse** kannst du schon als kleine Schote ernten. Wenn sie etwas länger hängen bleibt, entwickeln sich aber auch hier große Erbsenkörner, die genauso verwendet werden können wie Markerbsen. Sie ist die perfekte Nascherbse. Die **Schalerbse** ist besonders als Trockenerbse für Erbsensuppe empfehlenswert. Die Schoten werden an der Pflanze belassen, bis sie getrocknet sind, dementsprechend länger stehen die Pflanzen auf dem Beet.

Frisch gepflückte Erbsen sind ein tolles Naschgemüse.

MARKERBSEN

SORTE	PFLANZUNG	ERNTE	BESONDERHEITEN
SUBLIMA	E 03–E 04	E 05–A 07	frühste Markerbse, sehr kälteresistent, süßer Geschmack
EVITA	A 04–A 05	M 06–E 07	sehr ertragreiche Sorte, für die Frühsommer-ernte
VITARA	M 05–M 08	M 07–E 10	hitzebeständige Sommererbse für die Ernte bis in den Herbst

ZUCKERERBSEN

SORTE	PFLANZUNG	ERNTE	BESONDERHEITEN
DELIKATA	A 04–A 05	M 06–E 07	frühe Zuckererbse, frühe Ernte als ganze Schoten
SCHWEIZER RIESEN	A 04–A 05	M 06–E 07	sehr hohe Pflanzen und riesige Schoten, sehr ertragreich
DELIKETT	M 05–M 08	M 07–E 10	hitzebeständige Zuckererbse für späte Ernte

SCHALERBSEN

SORTE	PFLANZUNG	ERNTE	BESONDERHEITEN
KLEINE RHEIN-LÄNDERIN	M 03–E 04	E 06–A 08	niedrig wachsende Trockenerbse, braucht keine Rankhilfe
BLAUW-SCHOKKER	M 03–E 04	E 06–A 08	violette Schoten, grüne Körner, sehr dekorativ und lecker

ZWIEBEL

Für den Anbau von Zwiebeln gibt es viele verschiedene Möglichkeiten. Entweder kannst du sie von Januar bis April aus Samen vorziehen und zehn bis zwölf Wochen später pflanzen, oder du säst sie von März bis Mai direkt, oder du steckst sie als Steckzwiebel zwischen Februar und April in die Erde. Bei allen drei Vorgehensweisen kannst du zwischen August und Oktober ernten, sobald das Zwiebellaub eintrocknet und umknickt. Kühl und frostfrei lassen sich Zwiebeln etwa bis April lagern. Einige Steckzwiebeln eignen sich auch für die Überwinterung, hierfür werden sie im Oktober gesteckt und im Mai und Juni des nächsten Jahres geerntet. Zwiebeln wachsen am besten auf einem sonnigen Beet, das vorher mit Gesteinsmehl gedüngt wurde, der pH-Wert des Bodens sollte nicht unter 6,5 liegen. Ein Reihenabstand von 30 cm und ein Abstand in der Reihe von 10 bis 20 cm ist ideal. Zwiebeln benötigen relativ wenig Wasser, alle drei bis vier Tage zu gießen reicht vollkommen aus. Eine Mischkultur mit Möhren empfiehlt sich, da Möhren die Zwiebelfliege fernhalten und Zwiebeln die Möhrenfliege. Bei starkem Befall ist aber auch das kein Wundermittel, dann hilft nur eine Kultivierung unter Netz.

ZWIEBELN

SORTE	BESONDERHEITEN
STUTTGARTER RIESEN	klassische, braune Zwiebel, lange lagerfähig
BRAUNSCHWEIGER DUNKELBLUTROTE	rote Sorte mit gutem Geschmack, ertragreich
SNOWBALL	weiße Zwiebel, kann schon mit grünem Laub geerntet werden
EXHIBITION	sehr große Gemüsezwiebel, milder Geschmack
WEISSE KÖNIGIN	weiße Perlzwiebel, schnellwüchsig, frühe Ernte
LONGOR	gelbe, aromatische Schalotte, ertragssicher
SHAKESPEARE	braune Wintersteckzwiebel, sehr frosthart

KNOBLAUCH

Knoblauch ist eine unkomplizierte Kultur, die zu zwei verschiedenen Zeiten angebaut werden kann. Entweder steckst du die Zehen von Februar bis April und erntest von August bis Oktober oder du steckst sie bereits im Oktober und erntest von Juni bis August. Knoblauch sollte an einem möglichst sonnigen Standort im Abstand von etwa 30 x 40 cm wachsen, er benötigt wenige Nährstoffe, und auch der Wasserbedarf ist gering. Sobald das Laub eintrocknet, kann geerntet werden. Den Knoblauch kannst du nach der Ernte aufhängen und trocknen, so hält er sich mehrere Monate. Da Wühlmäuse Knoblauch meiden, eignet er sich in Gärten mit hohem Wühlmausvorkommen auch hervorragend als Beetpartner für Möhren oder Kartoffeln, die häufig von Wühlmäusen abgefressen werden.

KNOBLAUCH

SORTE	BESONDERHEITEN
MESSIDROME	weiße Sorte mit intensivem Geschmack
GERMIDOUR	ertragssichere, große Sorte, violettweiß

PORREE

Porree ist ein Zwiebelgewächs mit einer sehr langen Ernteperiode. Frühste Sorten können ab August geerntet werden, überwinterte Pflanzen können bis in den April hinein auf den Beeten stehen bleiben. Porree kannst du je nach Sorte von Januar bis Mai in Anzuchterde vorziehen. Die Jungpflanzen können dicht in den Anzuchtschalen stehen. Bei der Pflanzung von März bis Juli vereinzelst du die Pflanzen und befreist sie von Erde. Sowohl Wurzeln als auch Laub kürzt du um etwa ein Drittel ein. Die Pflänzchen setzt du dann auf ein sonniges bis halbschattiges Beet tief in eine Furche. Zwischen den Pflanzen sollten etwa 15 cm liegen bei einem Reihenabstand von 30 bis 40 cm. Porree hat einen recht hohen Wasserbedarf, alle zwei Tage solltest du gießen. Nach drei bis vier Wochen schüttest du die Furche mit Erde zu, und weitere drei bis vier Wochen später häufelst du die Pflanzen möglichst hoch an. Das alles dient dazu, dass der weiße Schaft möglichst lang wird, denn nur der unterirdische Teil der Pflanze entwickelt den typischen glatten, weißen Schaft. Bei hohem Vorkommen der Lauchmotte empfiehlt sich ein Gemüseschutznetz.

PORREE

SORTE	PFLANZUNG	ERNTE	BESONDERHEITEN
BAVARIA	M 03–E 04	A 08–M 10	frühe, ertragssichere, schnell wachsende Sorte, hitzebeständig
LANCELOT	A 04–E 05	M 09–E 11	klassischer Herbstporree, frosthart, ertragssicher
BLAUGRÜNER WINTER	A 04–M 07	M 10–F 04	beste Sorte zum Überwintern, ertragreich

LAUCH- & WINTER-HECKENZWIEBEL

Lauch- und Winterheckenzwiebeln, die auch als Frühlings- oder Bundzwiebeln bekannt sind, sind im Anbau sehr unkompliziert. Du kannst sie entweder wie Porree vorziehen oder direkt ins Beet säen. Die gewöhnlichen Lauchzwiebeln pflanzt du von März bis September. Sie können bei Frühjahrspflanzung im Sommer und Herbst geerntet werden. Sommer- und Herbstpflanzungen werden im zeitigen Frühjahr des darauffolgenden Jahres geerntet. Winterheckenzwiebeln sind mehrjährig und können ähnlich wie Schnittlauch das ganze Jahr über beerntet werden. Sie sind winterhart und können über viele Jahre auf dem Beet bleiben.

Lauchzwiebeln kannst du das ganze Jahr über ernten.

LAUCH- UND WINTERHECKENZWIEBELN

SORTE	BESONDERHEITEN
KAIGARO	ertragssichere, sehr große Lauchzwiebel
TONDA MUSONA	kälteresistente, schnell wachsende Lauchzwiebel
ROTE VON FLORENZ	rote Lauchzwiebel, gut im Sommeranbau
FREDDY	klassische Winterheckenzwiebel, ertragreich

SELLERIE

Sellerie ist kein einfaches Gemüse im Anbau, hier muss einiges beachtet werden. Die Samen des Lichtkeimers kannst du ab Februar im Haus aussäen. Dabei werden sie nur auf die Erde gelegt und angedrückt, jedoch nicht mit Erde bedeckt. Da die Samen und kleinen Keimlinge beim Gießen schnell weggeschwemmt werden können, solltest du in den ersten Wochen entweder mit einer Sprühflasche wässern oder in Anzuchtschalen aussäen, die von unten gewässert werden. Während der Anzucht sollte die Temperatur nicht unter 7 °C sinken, da die Pflanzen sonst dazu neigen, frühzeitig in Blüte zu gehen. Pflanzen kannst du ab Mitte Mai auf ein halbschattiges Beet mit humusreichem Boden im Abstand von 30 x 40 cm. Der Boden sollte nie austrocknen, regelmäßiges Wässern ist sehr wichtig. Ab Juni kannst du etwa einmal pro Monat flüssig nachdüngen. Stangensellerie ist ab Juli erntereif, Knollensellerie ab Ende September bis in den November hinein. Vor den ersten Starkfrösten sollten alle Knollen geerntet werden. Frostfrei und in feuchtem Sand lassen sie sich mehrere Monate lagern.

KNOLLENSELLERIE

SORTE	BESONDERHEITEN
WIENER RIESEN	sehr große Knollen, lagerfähig, nicht schossfest
MARS	mittelgroße Knollen, ertragssicher, schossfest
MONARCH	große Knollen, sehr schossfest und ertragssicher

STANGENSELLERIE

SORTE	BESONDERHEITEN
TALL UTAH	große, grüne Sorte, hitzebeständig
TANGO	ertragssichere, grüne Sorte, schossfest
GIANT RED	große Sorte mit roten Stielen, toller Geschmack

ZUCKERMAIS

Den frostempfindlichen Zuckermais kannst du entweder von Mitte Mai bis Mitte Juni direkt säen oder von Anfang April bis Mitte Juni vorziehen. Die Anzucht hat den großen Vorteil, dass die Kolben durch die frühere Aussaat deutlich früher reifen und die Pflanzen nicht so lange auf dem Beet stehen, was ideal für die Beetplanung und -nutzung ist. Allerdings ist bei den Pflanzen nach der Verpflanzung ins Beet oft ein kurzzeitiger Wachstumsstopp von etwa einer Woche zu beobachten. Mais liebt einen vollsonnigen Standort mit nährstoffreichem Boden, der mit Kompost oder Mist gedüngt sein sollte. Zusätzlich dazu eignet sich Horn- und Knochenmehl hervorragend für die Düngung. Ein Pflanzabstand von 30 x 50 cm ist ideal. Am besten wachsen die Maispflanzen in etwa 5 bis 10 cm tiefen Furchen, in die alle ein bis zwei Tage kräftig gegossen und einmal pro Woche flüssig nachgedüngt wird. Sobald sich die Blüten zeigen, müssen die Pflanzen einmal täglich geschüttelt werden, so werden die Kolben besser bestäubt und entwickeln mehr Körner. Erntereif ist Zuckermais, sobald sich die Härchen an den Kolben braun färben und eintrocknen. Die Kolben können entweder direkt roh gegessen, gegrillt, gekocht oder auch eingefroren werden. Für eine ganzjährige Selbstversorgung

empfiehlt es sich, Mitte Mai eine große Menge zum Einfrieren zu pflanzen und dann alle zwei bis drei Wochen nachzusäen für eine frische Ernte von Ende Juli bis Mitte Oktober. Gerade bei samenfesten Sorten gibt es eine riesige Vielfalt an Farben. Diese Sorten sind aber leider nicht ertragssicher, häufig bilden sich pro Kolben nur wenige Körner aus oder die Kolben sind sehr klein. Neuzüchtungen sind unschlagbar in Sachen Ertragssicherheit und Süße, allerdings gibt es hier bisher nur die klassischen gelben Sorten.

ZUCKERMAIS

SORTE	BESONDERHEITEN
TATONKA	Neuzüchtung, ertragssichere, gelbe Sorte
GOLDEN BANTAM	ertragssicherste samenfeste Sorte, dunkelgelb
STOWELL'S EVERGREEN	sehr süße, samenfeste, weiße Sorte
JADE BLUE	dunkelblaue Sorte, geringer Ertrag
DOUBLE RED	toller Geschmack, rote Sorte, nicht ertragssicher

DANKSAGUNG

Mein größter Dank geht an meine Partnerin Laura und an meine Eltern Rita und Andreas, die mich in allen Lebenslagen unterstützen und mir immer den Rücken freihalten. Vielen Dank auch an meine leider bereits verstorbene Oma Gisela und meinen Opa Dieter, die schon früh in mir die Begeisterung zum Gärtnern geweckt haben und mir über viele Jahre all die Grundlagen beigebracht haben, mit denen ich noch heute arbeite. Ebenso möchte ich meiner leider bereits verstorbenen Oma Inge und meinem Opa Lothar danken, in deren Garten ich mein erstes kleines Beet haben durfte, mit dem ich meine ersten eigenen Gartenerfahrungen gemacht habe.

Auch bei meinen Gartennachbarn Erika, Thomas, Anton und Monika möchte ich mich für den tollen Austausch über all die Jahre im Garten bedanken und die immer gute Laune beim Gärtnern.

Außerdem möchte ich mich bei all meinen Follower*innen bedanken. Erst der Austausch mit euch und euer großes Interesse an meinem Gärtnern haben dazu geführt, dass dieses Buch zustande kommen konnte.

Vielen Dank auch an den EMF-Verlag, in erster Linie an Saskia Hauck, die mich über viele Monate tatkräftig in der Erstellung der Texte unterstützt hat.

ÜBER DEN AUTOR

Instagram:
www.instagram.com/bunter.nutzgarten

Youtube:
https://www.youtube.com/
@bunternutzgarten441

Website:
www.bunternutzgarten.de

Sich so lange wie möglich mit der größtmöglichen Vielfalt an Gemüse aus dem eigenen Garten selbst versorgen zu können, das ist Niko Beckers größtes gärtnerisches Ziel. Schon von Kindesbeinen an ist er im Garten unterwegs und bewirtschaftet seit seinem 19. Lebensjahr einen 1.200 m² großen Selbstversorgergarten. Seit 2019 teilt er seine Erfolge und Misserfolge, seine Tipps und Herangehensweisen und seine täglichen Erfahrungen im Garten mit einer stetig wachsenden Community auf Instagram. Die Jahreszeiten im Garten zu erleben, von den ersten Aussaaten im Frühjahr über das üppige Wachstum im Sommer bis hin zu den riesigen Ernten im Herbst und der wohlverdienten Pause im Winter, macht für ihn den Reiz des Gärtnerns aus, und er kann sich ein Leben ohne den Garten einfach nicht mehr vorstellen.

REGISTER

J

K

L

M

N

P

R

S

T

U

V

W

Z

WEITER GÄRTNERN MIT DIESEN BÜCHERN

MIT DEM HOCHBEET DURCHS JAHR – Monat für Monat nützliche Pflanzpläne, Anbautipps und mehr

ISBN: 978-3-96093-714-2
17,00 € (D) | 17,50 € (A)

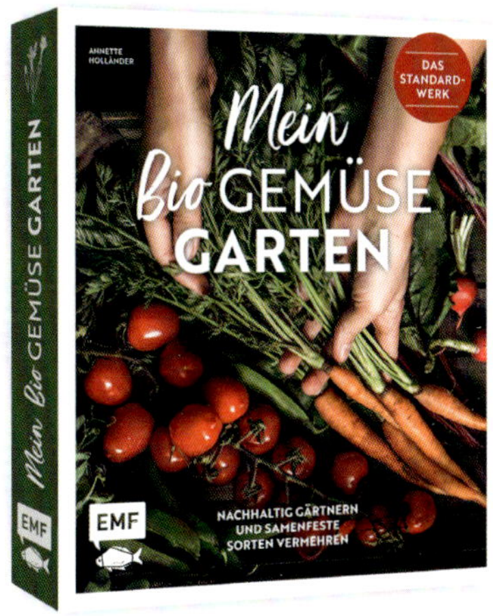

MEIN BIOGEMÜSE-GARTEN DAS STANDARDWERK – Nachhaltig gärtnern und samenfeste Sorten vermehren

ISBN: 978-3-7459-1334-7
26,00 € (D) | 26,80 € (A)

ERNTE GUT, ALLES GUT! – Gemüsegärtnern im Hochbeet, Frühbeet und Gewächshaus

ISBN: 978-3-7459-0277-8
18,00 € (D) | 18,50 € (A)

MEIN GARTEN – Das illustrierte Gartenbuch

ISBN: 978-3-7459-0285-3
16,00 € (D) | 16,50 € (A)

IMPRESSUM

Bibliografische Information der Deutschen Bibliothek.

Die Deutsche Bibliothek verzeichnet diese Publikation in der Deutschen Nationalbibliografie.

Detaillierte bibliografische Daten sind im Internet über http://www.dnb.de/ abrufbar.

EIN BUCH DER EDITION MICHAEL FISCHER

2. Auflage 2024

Covergestaltung: Alexandra Wolf

Redaktion und Projektmanagement: Saskia Hauck

Lektorat: Katharina Raub

Layout und Satz: Alexandra Wolf

Bildnachweis:
Fotografien: © Niko Becker, ausgenommen Cover: © Kitreel /Shutterstock; Seiten 4, 6/7, 48/49, 51, 139: © Jürgen Rode; S. 70/71: ©fotofantasia/Shutterstock; S. 133: © gunsan gimbanjang/Shutterstock
Illustrationen: Umschlag: © GoodStudio/Shutterstock, Innenteil: © Asya Alexandrova/Shutterstock, © GoodStudio/Shutterstock, ©Nesterova/Shutterstock, © miumi/Shutterstock, © Rvector/Shutterstock, © graphixmania/Shutterstock, © Cube29/Shutterstock, © Happy Art/Shutterstock, © AVIcon/Shutterstock, © Decobrush/Shutterstock

ISBN 978-3-7459-1466-5

Gedruckt bei Polygraf Print, Čapajevova 44, 08001 Prešov, Slowakei

www.emf-verlag.de